月刊誌

数理科学

毎月 20 日発売
本体 954 円

予約購読のおすすめ

本誌の性格上、配本書店が限られます。**郵送料弊社負担**にて確実にお手元へ届くお得な予約購読をご利用下さい。

年間　**11000円**
　　　　　（本誌12冊）

半年　　**5500**円
　　　　　（本誌6冊）

予約購読料は**税込み価格**です。

なお、**SGC**ライブラリのご注文については、予約購読者の方には、商品到着後のお支払いにて承ります。

お申し込みはとじ込みの振替用紙をご利用下さい！

サイエンス社

「数理科学」のバックナンバーは下記の書店・生協の自然科学書売場で特別販売しております

		大学生協・売店
紀伊國屋書店本店(新宿)	戸田書店静岡本店	東京大学 本郷・駒場
オリオン書房ノルテ店(立川)	ジュンク堂大阪本店	東京工業大学 大岡山・長津田
くまざわ書店八王子店(八王子)	紀伊國屋書店梅田店(大阪)	東京理科大学 新宿
くまざわ書店桜ヶ丘店(多摩)	アバンティブックセンター(京都)	早稲田大学 理工学部
書泉グランデ(神田)	ジュンク堂三宮店	慶応義塾大学 矢上台
三省堂本店(神田)	ジュンク堂三宮駅前店	福井大学
ジュンク堂池袋本店	紀伊國屋書店(松山)	筑波大学 大学会館書籍部
MARUZEN & ジュンク堂渋谷店	ジュンク堂大分店	埼玉大学
八重洲ブックセンター(東京駅前)	喜久屋書店倉敷店	名古屋工業大学・愛知教育大学
丸善丸の内本店(東京駅前)	MARUZEN 広島店	大阪大学・神戸大学 ランス
丸善日本橋店	紀伊國屋書店福岡本店	京都大学・九州工業大学
MARUZEN多摩センター店	ジュンク堂福岡店	東北大学 理薬・工学
ジュンク堂吉祥寺店	丸善博多店	室蘭工業大学
ブックファースト新宿店	ジュンク堂鹿児島店	徳島大学 常三島
ブックファースト青葉台店(横浜)	紀伊國屋書店新潟店	愛媛大学 城北
有隣堂伊勢佐木町本店(横浜)	ジュンク堂旭川店	山形大学 小白川
有隣堂西口(横浜)	金港堂(仙台)	島根大学
有隣堂厚木店	金港堂パーク店(仙台)	北海道大学 クラーク店
ジュンク堂盛岡店	ジュンク堂秋田店	熊本大学
丸善津田沼店	ジュンク堂郡山店	名古屋大学
ジュンク堂新潟店	鹿島ブックセンター(いわき)	広島大学 (北1店)
ジュンク堂甲府岡島店		九州大学 (理系)
MARUZEN & ジュンク堂新静岡店		

SGCライブラリ-160

時系列解析入門

［第2版］

線形システムから非線形システムへ

宮野 尚哉・後藤田 浩　共著

サイエンス社

───── **SGC ライブラリ**（The Library for Senior & Graduate Courses）─────

近年，特に大学理工系の大学院の充実はめざましいものがあります．しかしながら学部上級課程並びに大学院課程の学術的テキスト・参考書はきわめて少ないのが現状であります．本ライブラリはこれらの状況を踏まえ，広く研究者をも対象とし，**数理科学諸分野および諸分野の相互に関連する領域**から，現代的テーマやトピックスを順次とりあげ，時代の要請に応える魅力的なライブラリを構築してゆこうとするものです．装丁の色調は，

　　数学・応用数理・統計系（黄緑），物理学系（黄色），情報科学系（桃色），

　　脳科学・生命科学系（橙色），数理工学系（紫），経済学等社会科学系（水色）

と大別し，漸次各分野の今日的主要テーマの網羅・集成をはかってまいります．

第2版まえがき

　本書の初版が刊行されて以来，18年の歳月が流れようとしている．この間，時系列解析および非線形・複雑系科学に関連する学術領域において著しい進歩があった．インターネットの発明に触発され，複雑ネットワーク科学という学術体系が創造された．計算機は高速化されて大規模メモリーを搭載し，急速に広がり進化する通信ネットワークを介してデジタルデータが蓄積され，データ科学が実用化された．人工知能は18年前には想像し得なかった技術水準に達した．リザーバーコンピューティングと呼ばれる新しい人工知能アルゴリズムが開発され，時系列予測に応用されている．新世代のプログラミング言語であるPythonは，複雑なアルゴリズムを容易に，かつ，短期間でソフトウェア化する．隔世の感がある．

　本書初版は，専ら"古典的"なコンテンツを提供する傾向が日々増しており，初版執筆時以降の学術進歩を踏まえた改訂の必要性を著者の一人（宮野尚哉）は感じつつあった．幸いにも，宮野は，この10年間，本書のもう一人の著者である後藤田浩准教授（東京理科大学工学部），堀尾喜彦教授（東北大学電気通信研究所），長憲一郎講師（立命館大学理工学部）をはじめ，大学院生諸君（立命館大学大学院理工学研究科，東京理科大学大学院工学研究科，および，東北大学電気通信研究所）と共同で研究を行う機会に恵まれ，更には，上田睆亮名誉教授（京都大学）との望外にして貴重なる研究討論時間を享受し得た．こうして，本書初版の改訂に向けての準備が整ったのである．

　本書では，初版の記述を訂正し，初版を補強するとともに，新しいコンテンツとして，情報エントロピー（第4章）と複雑ネットワーク（第6章）に基づく時系列解析を追加した．これらの新しい章の執筆は，主として後藤田が担当した．後藤田は反応系の熱流体力学を専門としており，これらの章では，燃焼・火災現象の時系列データの解析結果を加えている．また，第3章と第5章では，それぞれ，不規則遷移振動に基づくカオス現象論，および，リザーバーコンピューティングの時系列予測への応用に関する記述が追加されている．これらは宮野が主として担当した．しかしながら，本書の記述における誤りや不適切に対する責は，両著者が連帯して負う．本書が，時系列解析を学ぶ学生や時系列解析を専門とする研究者にとって，より深い理解を与える参考書になることを心より願っている．

　本書を刊行するに当たり，第5章の計算結果と図面の作成に，篠崎亜怜氏と塩澤航太氏（2019年度 立命館大学大学院理工学研究科機械システム専攻 修了）にご協力いただいた．両氏に感謝の意を表したい．宮野は，カオス理論について上田睆亮先生より，また，リザーバーコンピューティングについて堀尾喜彦先生より，貴重なご指導とご助言を賜わった．心より感謝申し上げる．後藤田は，東京理科大学大学院工学研究科 大学院生を対象に，非線形動力学特論の講義を担当している．第4章と第6章は，講義内容の一部として作成されている．受講生との議論が，本書の執筆に大いに役立った．また，これらの章では，後藤田が2014年度まで所属していた立命館大学での研究成果も含まれており，立命館大学 後藤田研究室 卒業生との議論も本書の執筆に大いに役立った．計算結果と図面の作成では，神谷修哉氏（東京理科大学大学院工学研究科機械工学専攻 修士課程）を

はじめとした東京理科大学 後藤田研究室の多くの大学院生にご協力いただいた．大学院生との日々の議論も本書の執筆に大いに役立った．ガスタービン燃焼器内の燃焼振動に関する研究成果の一部は，立花繁氏（宇宙航空研究開発機構航空技術部門上席研究開発員）との長年の共同研究によって得られたものである．本書の出版を，快くご承諾くださった立花氏に，心より感謝申し上げる．数理科学編集部の大溝良平氏と平勢耕介氏には，原稿の遅れの上にいろいろとお世話になった．ここにお礼申し上げる．最後に，筆者らを支えてくれている家族たちに感謝の気持ちを記したい．

2020 年 5 月

宮野 尚哉，後藤田 浩

まえがき

　複雑で規則性がないように見える挙動の将来は，どうしたら予測できるだろうか．どこまで正確に予測できるだろうか．どのような数理技術を使うのだろうか．これらの問いに関連して，今日までに築き上げられてきた概念，理論，技術とその運用事例をいくつか紹介することが，本書のテーマである．

　システムの挙動を，一定の時間間隔ごとに並んだ数値の列として観測したデータを時系列データという．時系列から，時間変化を支配するダイナミックスの性質を調べ，挙動の将来を予測するための数理モデルを作ることが時系列解析の中身である．従来，確率変数の線形和によってダイナミックスを表現する自己回帰モデル，あるいは，その変形版であるいくつかのタイプの線形予測モデルが，標準的な時系列解析法として利用されてきた．その理論と技術は，とても精密に構成されていて，長い実績があり，将来に渡ってその有用性が失われることはないだろう．しかしながら，この方法ではうまく扱うことのできない動的挙動がある．カオスと呼ばれる不規則な挙動がそれである．これは，今日では，複雑系というおそらくはより広い概念で捉えられる非線形システムの振舞いに相当する．カオス的挙動の予測モデルは，線形予測とはかなり趣の異なる独特の概念と数理手法に基づいている．

　時系列解析を扱った文献については，すばらしい記述に溢れた名著，良書が既に多数出版されている．その中にあって，本書の特長を一言で表現すれば，線形予測と非線形予測の両方の視点から眺めた時系列解析の要点を一冊の本の中で概観できる，ということになるだろう．時系列解析の実務では，様々なカードを手にしていることはとても重要である．本書の構成は前半と後半に分かれている．前半で線形予測の手法を，後半でカオス過程と非線形予測の手法を解説した．時系列解析に初めて接する読者の方々にとって，本書が便利な入門書として役立つことを期待している．本書を御一読の後には，巻末にいくつか挙げさせていただいた著書や論文を手に取られ，深い理解を得るとともに，人生の楽しみをまた一つ見つけられることを願うばかりである．

　筆者は，今日までの活動において，議論を交わし，あるいは，共同で仕事を進めてきた科学者，技術者の方々，手にした書籍や論文の著者の方々に深く感謝する．本書で紹介する研究事例は，合原一幸先生および徳田功先生との共同研究によるものである．松本隆先生にはデータを快く御提供いただいた．池口徹先生，筒井孝子先生，飛永芳一先生，Federico Girosi 先生，Tomaso Poggio 先生には，多くの貴重な御助言と御指導をいただいた．ここにお名前を挙げさせていただいた方々に心からの感謝の意を表したい．数理科学編集部の平勢 耕介氏には，原稿の遅れの上にいろいろとお世話になった．ここにお礼申し上げる．最後に，筆者を支えてくれている家族に感謝の気持ちを記したい．

2002 年 2 月

宮野 尚哉

目　次

第 1 章
確率過程と時系列

　この章では，確率過程という考え方を導入し，確率過程を特徴付ける統計的
性質について概観する．定常過程の平均，分散，共分散関数は特に重要である．
これらは第 2 章で線形予測法を展開するための基本概念である．共分散関数と
等価な情報を表すパワースペクトルについても要点を述べる．

1.1　はじめに

　時系列とは何か実例に即した形で表現すると，一定の時間間隔ごとに並んだ
実数値の列であって，システムの状態変化を表すデータ列のことをいう．時系
列の事例は様々である．毎日決まった時刻に観測される気温データ，証券市場
の株価変動，化学プラントで計測されるガス圧力データ，脳波計で測定される
電位変動，等々，たいていの観測データは時系列をなす．最近は，たいていの
電子計測器はデジタル技術によって作られており，時系列データは一層身近な
存在となっている．図 1.1 および図 1.2 には，例として，1996 年 5 月 14 日か
ら 1998 年 6 月 16 日の期間における東証一部平均株価終値の時系列と，製鉄所
の高炉で操業中に観測された温度の時系列を示した．どちらも不規則に変動し
ているように見える．有限長の時系列データから，隣り合うデータ点間にある
依存性，関係，あるいは，相関を分析する技術が，本書のテーマである時系列
解析である．

　N 個の観測値から構成される時系列を

$$\{x(t)\}_{t=0}^{N-1} = \{x(t_0), x(t_0 + \Delta t), \ldots, x(t_0 + (N-1)\Delta t)\}$$

と表そう．t は 0 から $N-1$ までの整数値を取る．t_0 は観測を始める初期時刻
である．Δt は隣り合う観測値間の時間間隔で，例えば，測定器の時間分解能
に相当する．$\{x(t)\}_{t=0}^{N-1}$ がシステムの挙動のすべてを表すデータであればよい
のだが，観測を時刻 t_0 に開始して $t_0 + (N-1)\Delta t$ に終了したという意味で，

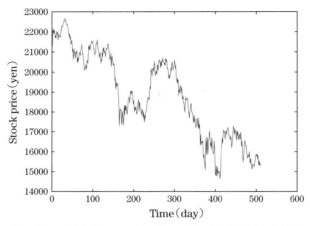

図 1.1　1996 年 5 月 14 日から 1998 年 6 月 16 日の期間における東証一部平均株価
　　　終値の時系列.

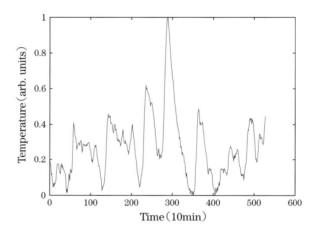

図 1.2　高炉で操業中に観測された温度の時系列.

実現可能な挙動の一部分しか見ていない．つまり，$\{x(t)\}_{t=0}^{N-1}$ は実現結果の一
つのサンプルに過ぎない．したがって，$\{x(t)\}_{t=0}^{N-1}$ を分析して得られる知見は，
時間変化のダイナミックスに関するある推定に過ぎない．その推定は，もしか
すると，観測された時系列がたまたま特殊なサンプルであったことを反映して，
真の性質からは離れたものであるかも知れない．推定結果が真の性質にどれほ
ど近いか評価することは，簡単なことではないが，探索する価値のある課題に
つながる興味深い問題である．これは時系列解析において留意すべき重要なポ
イントである．

　そこで，$\{x(t)\}_{t=0}^{N-1}$ を構成する各データを，ある確率で実現された変量 X
の値，即ち，**確率変数**（random variable）の実現値と考えよう．そうすると，
時系列は，ある確率分布のもとで各時刻に実現された確率変数の値の系列と言
い直すことができる．確率によってモデル化された時間発展のダイナミックス

のことを**確率過程**（stochastic process）という．各時刻での実現確率が 1 に等しい場合には，時間発展の過程は**決定論的**（deterministic）であるという．

　実在するシステムの状態変化は，物理法則や何らかの因果則に従って起こる．変化は本来決定論的であるはずだ．本質的に因果的でない過程は，量子力学における波束の収縮過程だけであろう．しかしながら，状態変化が非常に多数の要因によって決まっていたり，外部からの制御不可能な影響のために，内部要因を正確に設定することが技術的に不可能なことがある．このような場合には，時間発展のダイナミックスをデータに基づいて分析する上で，知識に不足が生じる．不足の程度に応じて，観測された挙動は決定論的過程から遠ざかって行くように見えるだろう．

　さて，本書の前半に相当する第 1 章と第 2 章では，確率過程を**線形予測モデル**によって記述するために必要な概念と技術を紹介する．次節以降で順を追ってその内容を見ていくことになるが，線形予測の典型例は自己回帰モデルである．

$$x(t) = c_1 x(t-1) + c_2 x(t-2) + \ldots + c_p x(t-p) + \xi(t). \quad (1.1)$$

$c_1, \ldots, c_p$ は時系列から決定される定数である．もし，次数 p と各係数がデータから最善を尽くして決定されたものならば，予測誤差に対応する $\xi(t)$ は $x(t), x(t-1), \ldots, x(t-p)$ と何の相関も持たず，白色ノイズと呼ばれる確率変数となる．その平均値と分散も時系列から決定される．この近似モデルは，確かに，隣り合うデータ点間の関係を再現している．複雑な挙動が p 個の係数と白色ノイズの平均値，分散値で表されるのならば，これはたいへん効率がよい．この章では，線形予測法を理解するための準備として，確率過程の統計的性質を概観する．

1.2　定常過程と統計モーメント

　分布関数は，確率変数の実現値がどのような頻度で現れるか表現する数学的概念である．任意の実数 x に対して，以下のように定義される関数 $F(x)$ が存在するとき，$F(x)$ を確率変数 X の**分布関数**（distribution function）という．

$$F(x) = P(X \leq x). \quad (1.2)$$

これは，X が x 以下の値として実現する頻度を表す．$P(\cdot)$ は**確率測度**あるいは**確率**と呼ばれる関数である．分布関数には

$$F(-\infty) = 0, \ F(\infty) = 1$$

という性質がある．$F(x)$ について，次に示す関係が成立するとき，$p(x)$ を**確率密度関数**（probability density function）という．

$$p(x) = \frac{dF(x)}{dx}. \tag{1.3}$$

確率変数が微小区間 $x \sim x + dx$ にある値を取る確率は，$p(x)dx$ で与えられる．$p(x)$ には以下のような性質がある．

$$\int_{-\infty}^{\infty} p(x)dx = 1, \tag{1.4}$$

$$P(a \leq X \leq b) = \int_a^b p(x)dx. \tag{1.5}$$

確率変数が多数あるときには，上に示した概念を多次元空間に拡張すればよい．確率変数 $X_1, X_2, \ldots, X_n$ の**結合分布関数**（joint distribution function）は

$$F(x_1, x_2, \ldots, x_n) = P(X_1 \leq x_1, X_2 \leq x_2, \ldots, X_n \leq x_n) \tag{1.6}$$

と表される．**結合確率密度関数**（joint probability density function）は

$$p(x_1, x_2, \ldots, x_n) = \frac{\partial^n F(x_1, x_2, \ldots, x_n)}{\partial x_1 \partial x_2 \ldots \partial x_n} \tag{1.7}$$

と定義される．二つの確率変数 X, Y について**周辺確率密度関数**（marginal probability density function）を導入しよう．

$$p_X(x) = \int_{-\infty}^{\infty} p(x, y)dy, \tag{1.8}$$

$$p_Y(y) = \int_{-\infty}^{\infty} p(x, y)dx. \tag{1.9}$$

任意の実数 x, y について

$$p(x, y) = p_X(x)p_Y(y) \tag{1.10}$$

が成り立つならば，確率変数 X と Y は**独立**（independent）であるという．これは，どのような値を実現するかということに関して，X と Y は互いに何の影響も及ぼし合わないことを意味する．

分布関数がどのような構造を持っているのか表現するのが，平均，分散に代表される**統計モーメント**（statistical moment）である．これらの統計量は，実際には有限長の時系列から推定しなければならないのだが，確率変数の実現値が無限にある極限において定義される．

確率変数 X の**平均値**（mean）あるいは**期待値**（expected value）を μ と表す．実現可能なすべての値について期待値を求める演算，即ち，実現値の空間分布に基づく平均値（アンサンブル平均）$E[\cdot]$ を

$$\mu = E[X] = \int_{-\infty}^{\infty} xp(x)dx \tag{1.11}$$

と定義する．平均値は，確率変数がその値を中心にして分布するような一定のレベルに相当する．平均値の周りで確率変数がばらつく様子は，**分散**（variance）

σ^2 によって表現される．その定義は

$$\sigma^2 = E\left[(X - \mu)^2\right] = \int_{-\infty}^{\infty} (x - \mu)^2 p(x) dx \tag{1.12}$$

である．特に，分散の正の平方根 σ のことを**標準偏差**（standard deviation）と呼ぶ．分散を求める演算 $Var[\cdot]$ は

$$Var[X] = E\left[(X - \mu)^2\right] \tag{1.13}$$

と書かれることもある．分散については

$$\sigma^2 = E\left[(X - E[X])^2\right] = E\left[X^2\right] - \left(E[X]\right)^2 \tag{1.14}$$

が成り立つ．一般に，確率変数 X の **k 次統計モーメント**（statistical moment of order k）と呼ばれる統計量を

$$E\left[(X - \mu)^k\right] = \int_{-\infty}^{\infty} (x - \mu)^k p(x) dx \tag{1.15}$$

によって定義する．

二つの確率変数 X, Y の平均値をそれぞれ μ_X, μ_Y としよう．**共分散**（covariance）γ_{XY} と呼ばれる重要な統計量を導入する．

$$\gamma_{XY} = E\left[(X - \mu_X)(Y - \mu_Y)\right]. \tag{1.16}$$

共分散を求める演算を $Cov[X, Y]$ と書く．分散は $Var[X] = Cov[X, X]$ と表すこともできる．共分散が正であるならば，X が μ_X より大きいとき，統計平均として Y も μ_Y より上にあり，X が μ_X より小さいとき，Y も μ_Y より下にあるだろう．共分散が負ならば，平均値の周りでの X と Y の分布が逆になる．この意味で，共分散は確率変数間の相関を表している．共分散の大きさは，実現値の大きさを測る尺度（スケール）に依存する．そこで，共分散を標準偏差で規格化しておくと，尺度に無関係な統計量が得られるので便利である．これを**相関係数**（correlation coefficient）ρ_{XY} という．

$$\rho_{XY} = \frac{E\left[(X - \mu_X)(Y - \mu_Y)\right]}{\sqrt{E\left[(X - \mu_X)^2\right]}\sqrt{E\left[(Y - \mu_Y)^2\right]}}. \tag{1.17}$$

相関係数には，重要な不等式 $-1 \leq \rho_{XY} \leq 1$ が成立する．$\rho_{XY} = 0$ ならば，X と Y は**無相関**（uncorrelated）であるという．X と Y が独立ならば，$E[XY] = E[X]E[Y]$ であるから，$\rho_{XY} = 0$，即ち，無相関となる．しかし，X と Y が無相関であっても，独立であるとは限らない．相関と独立性とは異なる概念である．

定常確率過程という非常に重要な概念を導入しよう．確率過程が定常であるとは，時系列が上昇し続けたり，下降し続けたりせず，一定のレベル付近に留まっているような "統計的な平衡状態" にあることを意味する．このような状態は，

確率密度関数が時間に依らず一定であるならば実現される．即ち，ある時刻から始まる時系列 $\{x(t_n)\}_{n=0}^{N-1}$ と，時刻 T だけ遅れて始まる時系列 $\{x(t_n+T)\}_{n=0}^{N-1}$ とが，同一の結合分布関数を持てばよい．

$$F\left[x(t_1), x(t_2), \ldots, x(t_N)\right] = F\left[x(t_1+T), x(t_2+T), \ldots, x(t_N+T)\right].$$
(1.18)

どのような T でもこの関係が成り立つような確率過程を，**定常過程**（stationary process）あるいは**強定常過程**（strictly stationary process）という．定常過程の統計モーメントは時間に依存しない．しかしながら，有限量のデータから分布関数の定常性を検証し，確率過程が強定常かどうか判定することは，一般に不可能である．強定常過程は数学的に理想化された概念である．

時系列解析では，実現値の空間分布に関する期待値として定義される様々な統計量を，時間軸上に並んだデータから推定しなければならない．このような事情に即した概念を導入していこう．あるシステムについて，N 個の観測値からなる時系列を同じ条件のもとで独立に Q 回観測できたとする．これらを $\{x_i(t)\}_{t=0}^{N-1}$ $(i=1,\ldots,Q)$ と書く．1 本の時系列から推定される平均値 $\hat{\mu}_i$ を

$$\hat{\mu}_i = \frac{1}{N}\sum_{t=0}^{N-1} x_i(t)$$
(1.19)

と決め，Q 回の観測における平均値 $\hat{\mu}$ を

$$\hat{\mu} = \frac{1}{Q}\sum_{i=1}^{Q} \hat{\mu}_i$$
(1.20)

と定義する．$\hat{\mu}$ と真の平均値 μ との差の 2 乗の期待値を計算すると，

$$E\left[(\hat{\mu}-\mu)^2\right] = \frac{1}{Q^2}\sum_{i=1}^{Q} E\left[(\mu_i-\mu)^2\right]$$
(1.21)

となる．$Q \to \infty$ で，$\hat{\mu}$ は真の平均値に収束する．時系列を同じ条件で独立に何回でも観測できれば，平均の推定値は，真の値に $E\left[(\hat{\mu}-\mu)^2\right] \to 0$ の意味でどんどん近づいていく．これは望ましい数学的性質である．このような性質を持つ推定値のことを**不偏推定値**（unbiased estimate）という．平均値は不偏推定値である．しかしながら，現実のシステムでは，同じ条件で時系列を何回でも観測するという操作が実行不可能なことが多い．株価変動のような経済データや 100 年という時間スケールでの地球気温変動などがその例である．1 回の観測で得られる 1 本の時系列から平均値を推定しなければならない．そこで，N 個の観測値からなる 1 本の時系列について推定された平均値が，$N \to \infty$ の極限で真の平均値に一致するかどうかという観点から，推定値の性質を評価することにしよう．このような性質を持つ推定値は**一致推定値**（consistent estimate）と呼ばれる．一致推定値が得られることを保証するのが，エルゴード定理であ

る．確率変数 X の実現値に関する任意の関数を $f(x)$ とする．$f(x)$ の時間平均が空間分布における期待値，即ち，アンサンブル平均と一致するような定常確率過程を考える．

$$\lim_{T \to \infty} \frac{1}{T} \int_0^T f(x(t)) dt = E\left[f(x)\right]. \tag{1.22}$$

これを**エルゴード的確率過程**（ergodic process）と呼ぶ．ところで，実際の時系列解析で扱うことができるのは，有限個の観測値からなる時系列であるが，有限長の時系列がエルゴード的かどうか判定できない．エルゴード的確率過程はかなり特別なクラスに属するが，本書では，定常時系列に対してエルゴード性を仮定することにしよう．こうして，時系列の時間平均から，空間分布としての統計量を推定することが実行可能になる．時系列 $\{x(t)\}_{t=0}^{N-1}$ の平均値の推定値 $\bar{x}$ を

$$\bar{x} = \frac{1}{N} \sum_{t=0}^{N-1} x(t) \tag{1.23}$$

と定義しよう．また，分散の推定値 $\bar{\sigma}^2$ は

$$\bar{\sigma}^2 = \frac{1}{N} \sum_{t=0}^{N-1} \left[x(t) - \bar{x}\right]^2 \tag{1.24}$$

で与えることにする．高次の統計モーメントの推定値も，同様に時間平均で表される．

1.3　自己共分散関数と自己相関関数

時系列には，**自己共分散**（autocovariance）という重要な統計的性質がある．この統計量は，$\tau \Delta t$ だけ時間が経過したとき，確率変数がどのように推移する傾向があるか示している．τ 時間ステップの時差（time lag）における自己共分散 $\gamma(\tau)$ は，

$$\gamma(\tau) = E\left[(x(t) - \mu)(x(t + \tau) - \mu)\right] \tag{1.25}$$

と定義される．$\gamma(\tau) > 0$ ならば，$x(t)$ が平均値よりも上（下）にあれば，$x(t+\tau)$ も平均値よりも上（下）にある傾向が強い．つまり，上昇トレンドや下降トレンドが，ある期間持続する．一方，$\gamma(\tau) < 0$ ならば，$x(t)$ が平均値よりも上（下）にあれば，$x(t + \tau)$ は逆に平均値よりも下（上）の傾向にある．平均値の周りで振動する傾向が見られるだろう．$\gamma(\tau) = 0$ ならば，$x(t)$ と $x(t + \tau)$ との間にどのような相関も見られない．自己共分散は，共分散と同様，標準偏差で規格化しておくと便利である．標準偏差で規格化された共分散を**自己相関**（autocorrelation）という．時差 τ における自己相関 $\rho(\tau)$ は次式で定義される．

$$\rho(\tau) = \frac{E\left[(x(t) - \mu)(x(t + \tau) - \mu)\right]}{\sqrt{E\left[(x(t) - \mu)^2\right]} \sqrt{E\left[(x(t + \tau) - \mu)^2\right]}}. \tag{1.26}$$

定常過程では，$\sigma^2 = \gamma(0) = E\left[(x(t) - \mu)^2\right] = E\left[(x(t+\tau) - \mu)^2\right]$ が成り立つから，

$$\rho(\tau) = \frac{E\left[(x(t) - \mu)(x(t+\tau) - \mu)\right]}{\sigma^2} = \frac{\gamma(\tau)}{\gamma(0)} \tag{1.27}$$

と書くことができる．これらの統計量は時差の関数であるから，それぞれ，**自己共分散関数**（autocovariance function），**自己相関関数**（autocorrelation function）とも呼ばれる．自己相関関数には，以下に示す重要な性質がある．

$$-1 \leq \rho(\tau) \leq 1,$$

$$\rho(0) = 1.$$

定常過程では $\gamma(\tau) = \gamma(-\tau), \rho(\tau) = \rho(-\tau)$ であることを考慮して，**自己共分散行列** $\boldsymbol{\Gamma}_\tau$ と **自己相関行列** $\boldsymbol{R}_\tau$ を導入することができる．

$$\boldsymbol{\Gamma}_\tau = \begin{pmatrix} \gamma(0) & \gamma(1) & \dots & \gamma(\tau-1) \\ \gamma(1) & \gamma(0) & \dots & \gamma(\tau-2) \\ \vdots & \vdots & \ddots & \vdots \\ \gamma(\tau-1) & \gamma(\tau-2) & \dots & \gamma(0) \end{pmatrix} \tag{1.28}$$

$$= \sigma^2 \begin{pmatrix} 1 & \rho(1) & \dots & \rho(\tau-1) \\ \rho(1) & 1 & \dots & \rho(\tau-2) \\ \vdots & \vdots & \ddots & \vdots \\ \rho(\tau-1) & \rho(\tau-2) & \dots & 1 \end{pmatrix} \tag{1.29}$$

$$= \sigma^2 \boldsymbol{R}_\tau. \tag{1.30}$$

ここで，$x(t), x(t-1), \dots, x(t-\tau+1)$ の線形和によって生成される確率過程 $z(t)$ を考える．

$$z(t) = \sum_{i=1}^{\tau} c_i x(t-i+1). \tag{1.31}$$

$z(t)$ の分散は

$$Var\left[z(t)\right] = \sum_{i=1}^{\tau} \sum_{j=1}^{\tau} c_i c_j \gamma\left(\,|\,j-i\,|\,\right)$$

となる．分散が負になることはないから，c_i がすべてゼロでない限り，$Var\left[z(t)\right] > 0$ である．これは，定常過程の自己共分散行列，自己相関行列が**正定値**（positive definite）であることを意味する．自己共分散関数と自己相関関数は，上に示した意味で正定値性を持つ．

ここまでは，確率過程に対して強定常性を仮定してきた．これは定常性に関するかなり強い制約条件である．ところが，確率過程の数理のかなりの部分は，平均と分散，共分散のような 2 次までの統計モーメントが時間に依存しないことを仮定して展開することができる．そこで，定常性の条件を緩め，k 次まで

の統計モーメントが時刻によらず時差 τ だけに依存して決まるような確率過程を考えよう．これを**弱定常過程**（weakly stationary process）という．2次の弱定常過程では，

$$E\left[x(t)\right] = \mu \ , \ E\left[(x(t) - \mu)^2\right] = \sigma^2$$

は一定値を取り，

$$E\left[(x(t) - \mu)(x(t + \tau) - \mu)\right] = \gamma(\tau)$$

は時差 τ だけに依存して決まる．特に，$\tau \neq 0$ に対して $\gamma(\tau) = 0, \rho(\tau) = 0$ となる弱定常過程は，**無相関過程**（uncorrelated process）と呼ばれる．今後，第1章，第2章において時系列の定常性を言及する場合には，弱定常過程を仮定することにしよう．

重要な定常過程は，確率密度関数 $p(x)$ が

$$p(x) = \frac{1}{\sqrt{2\pi\sigma^2}} \exp\left(-\frac{(x - \mu)^2}{2\sigma^2}\right) \tag{1.32}$$

で表される過程である．これを **Gauss**（ガウス）**型過程**（Gaussian process）または**正規過程**（Normal process：頭文字の N は大文字を用いることが多い）と呼ぶ．また，それらの分布関数を **Gauss 型分布**（Gaussian distribution）または**正規分布**（Normal distribution）という．正規分布の奇数次の統計モーメントはゼロであり，偶数次の統計モーメントは次式で与えられる[15]．

$$E\left[(x - \mu)^{2n}\right] = \left[1 \cdot 3 \cdot \ldots \cdot (2n - 1)\right] \sigma^{2n}. \tag{1.33}$$

正規分布の統計的性質は，平均値 μ と分散値 σ^2 で決まる．2次統計モーメントまでの弱定常性と正規分布を仮定すると，これは強定常確率過程と等価である．μ と σ^2 で特徴付けられる正規過程を $N(\mu, \sigma^2)$ と表すこともある．

1.4　自己共分散関数と自己相関関数の推定

有限長の時系列データから自己共分散関数，自己相関関数を推定する方法を述べよう．自己共分散関数の推定値を，時系列 $\{x(t)\}_{t=0}^{N-1}$ $(\tau < N)$ の時間平均として求める一つの方法は

$$\hat{\gamma}(\tau) = \frac{1}{N - \tau} \sum_{t=0}^{N-1-\tau} \left[x(t) - \bar{x}\right]\left[x(t + \tau) - \bar{x}\right] \tag{1.34}$$

である．$\hat{\gamma}(-\tau)$ を求めたいときには，上式の τ を時差の絶対値と読み替えばよい．式（1.34）で与えられる自己共分散関数は，実は不偏推定値ではない．何故ならば，

$$E\left[\hat{\gamma}(\tau)\right] \approx \gamma(\tau) - O\left(\frac{2\pi\sigma^2}{N}\right) \tag{1.35}$$

となり，$1/N$ に比例したバイアスが存在するからである[15]．自己共分散関数
のもう一つの推定方法は

$$\hat{\gamma}(\tau) = \frac{1}{N} \sum_{t=0}^{N-1-\tau} [x(t) - \bar{x}][x(t+\tau) - \bar{x}] \qquad (1.36)$$

である．式（1.36）で与えられる自己共分散関数も不偏推定値ではない．何故
ならば，

$$E[\hat{\gamma}(\tau)] \approx \left(1 - \frac{\tau}{N}\right)\left[\gamma(\tau) - O\left(\frac{2\pi\sigma^2}{N}\right)\right] \qquad (1.37)$$

という関係が成立するからである[15]．式（1.34）と式（1.36）とは係数だけが
異なっている．僅かな違いのようだが，式（1.36）による推定値は正定値性を
持つことが知られており，式（1.36）が用いられることが多い．本書では，式
（1.36）によって自己共分散関数を推定することにしよう．$N \to \infty$ の極限で
は，どちらの方法による推定値も同じ値を取る．データ量が少ない場合には，
式（1.34）と式（1.36）とは，τ の絶対値が大きなところで差が広がる．自己
相関関数の推定値 $\hat{\rho}(\tau)$ は

$$\hat{\rho}(\tau) = \frac{\hat{\gamma}(\tau)}{\hat{\gamma}(0)} \qquad (1.38)$$

によって求められる．第 1.1 節の図 1.1 と図 1.2 に示した時系列に関する自己
相関関数を，それぞれ，図 1.3 と図 1.4 に示す．

　第 2 章のテーマである線形予測モデルの同定や，第 3 章以降で述べるカオス
時系列の埋め込みを行なう際には，自己相関関数 $\hat{\rho}(\tau) = 0$ と見なせるような
時差 τ を見つけたい．しかしながら，実データから推定された $\hat{\rho}(\tau)$ は，ゼロ
に近いと言えそうな場合は多々あるが，正確にゼロになることは滅多にない．
いったい，どのような条件が満たされるときに，自己相関がゼロであると見な
すことができるだろうか．Bartlett は，定常正規過程について，以下の関係が

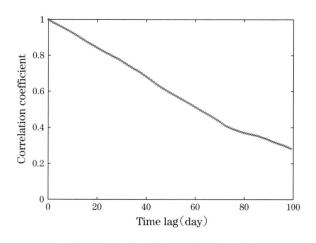

図 1.3　平均株価時系列の自己相関関数.

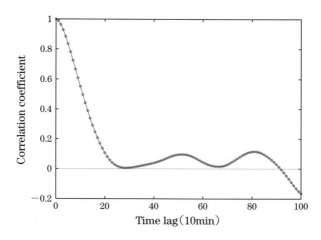

図 1.4　高炉時系列の自己相関関数.

近似的に成立することを示した[45], [49].　真の自己相関関数 $\rho(\tau)$ が，T よりも大きい時差 $\tau > T$ ですべてゼロとなるような確率過程を考える．このような確率過程について，N 個の観測値からなる時系列から推定された自己相関関数の共分散は，近似的に次のように表される.

$$Cov\left[\hat{\rho}(\tau), \hat{\rho}(\tau + k)\right] \approx \frac{1}{N} \sum_{t=-T}^{T} \rho(t)\rho(t+k) \quad (\tau > T). \quad (1.39)$$

$k = 0$ とおくと，$\hat{\rho}(\tau)$ の分散が得られる.

$$Var\left[\hat{\rho}(\tau)\right] \approx \frac{1}{N}\left(1 + 2\sum_{t=1}^{T}\rho^2(t)\right) \quad (\tau > T). \quad (1.40)$$

式 (1.39), (1.40) を実際に運用するときには，$\rho(t)$ の項に推定値 $\hat{\rho}(t)$ を代入するとよい．式 (1.39) は，異なる時差における推定値間に存在する共分散によって，推定誤差が生じることを示唆している．適当な $\tau = T$ について $Var\left[\hat{\rho}(T)\right]$ を計算し，その平方根よりも $\hat{\rho}(T)$ の方が小さければ，時差 T において無相関と見なすことができる．表 1.1 は，図 1.4 に例示した自己相関関数の時差 $\tau = 30$ までの推定値をまとめたものである．この表から $\hat{\rho}(20)$ の標準偏差を計算すると，0.173 となった．時差 $\tau = 20$ では，自己相関関数の推定値はゼロと見なしてもよい.

　自己相関関数は，$x(t)$ と $x(t + \tau)$ との間に存在する線形関係を表している．このような観点は，線形予測モデルを同定するときに役に立つ．定常過程について，次のような関係を仮定しよう.

$$x(t + \tau) - \bar{x} = \hat{r}(\tau)\left[x(t) - \bar{x}\right]. \quad (1.41)$$

$\hat{r}(\tau)$ は線形関係がどの程度成立するか測る係数であると解釈しよう．$\hat{r}(\tau)$ を時系列 $\{x(t)\}_{t=0}^{N-1}$ から推定するために，誤差評価関数を

表 1.1 高炉時系列の自己相関関数の推定値.

時差 ($\times 10min$)	自己相関関数	時差 ($\times 10min$)	自己相関関数
1	0.988	16	0.248
2	0.963	17	0.207
3	0.928	18	0.170
4	0.884	19	0.136
5	0.835	20	0.106
6	0.781	21	0.080
7	0.724	22	0.058
8	0.666	23	0.041
9	0.609	24	0.028
10	0.552	25	0.018
11	0.496	26	0.011
12	0.442	27	0.007
13	0.389	28	0.006
14	0.339	29	0.006
15	0.292	30	0.007

$$\epsilon = \frac{1}{N} \sum_{t=0}^{N-1-\tau} \left\{ x(t+\tau) - \bar{x} - \hat{r}(\tau) \left[x(t) - \bar{x} \right] \right\}^2 \qquad (1.42)$$

と決める.

$$\frac{\partial \epsilon}{\partial \hat{r}(\tau)} = 0$$

から，ϵ が最小値を取るような $\hat{r}(\tau)$ を求めることができる.

$$\hat{r}(\tau) = \frac{\frac{1}{N} \sum_{t=0}^{N-1-\tau} \left[x(t) - \bar{x} \right] \left[x(t+\tau) - \bar{x} \right]}{\frac{1}{N} \sum_{t=0}^{N-1-\tau} \left[x(t) - \bar{x} \right]^2}. \qquad (1.43)$$

これは式（1.38）と一致する．状態変化のダイナミックスにおける線形性は，自己相関関数に反映されている．しかしながら，線形性以外の性質を非線形性と呼ぶならば，ダイナミックスの非線形性は，自己相関関数で同定することができない．自己相関関数は，カオスに代表される非線形ダイナミックスの性質を捉えることができないのである．

1.5　Fourier 解析とパワースペクトル

時間とともに連続的に変化する信号は，様々な周波数を持つ正弦波と余弦波の線形和によって近似できる．この節で概観する**パワースペクトル**は，信号に含まれている周期的成分を検出するための強力な道具である．一般の過程を $x(t)$ で表すことを，**時間領域**（time domain）で過程を記述するという．同じ過程は，正弦波と余弦波の寄せ集めとして，**周波数領域**（frequency domain）で表現す

ることもできる．周波数 f で表現された過程を $\tilde{x}(f)$ と書くことにする．$\tilde{x}(f)$ は周波数 f の波の $x(t)$ への寄与の度合を表す．$x(t)$ と $\tilde{x}(f)$ とは，**Fourier**（フーリエ）**変換**（Fourier transform）によって一方から他方に移り変わることができる．

$$\tilde{x}(f) = \int_{-\infty}^{\infty} x(t)\exp(-2\pi ift)dt, \qquad (1.44)$$

$$x(t) = \int_{-\infty}^{\infty} \tilde{x}(f)\exp(2\pi ift)df. \qquad (1.45)$$

変換を表す作用素 K について，$K(ax+by) = aK(x)+bK(y)$（a,b は定数）が成り立つならば，K は線形であるという．Fourier 変換は線形変換である．過程を時間領域で表現するか，周波数領域で表現するかは自由であるが，両者は同じ過程の異なる表現に過ぎない．Fourier 変換には次の基本的関係がある．

- Δt だけ時間を動かすと，$x(t)$ は $x(t+\Delta t)$ となる．これに対応して，$\tilde{x}(f)$ は $\tilde{x}(f)\exp(-2\pi if\Delta t)$ となる．
- Δf だけ周波数を動かすと，$\tilde{x}(f)$ は $\tilde{x}(f+\Delta f)$ となる．これに対応して，$x(t)$ は $x(t)\exp(2\pi it\Delta f)$ となる．

信号 $x(t), y(t)$ について，**合成積**または**畳込み**（convolution）と呼ばれる重要な演算がある．畳込みは $x*y$ と表される．

$$\begin{aligned} x*y &= \int_{-\infty}^{\infty} x(t)y(\tau-t)dt \\ &= \int_{-\infty}^{\infty} y(t)x(\tau-t)dt. \end{aligned} \qquad (1.46)$$

$x*y$ の Fourier 変換は，各々の Fourier 変換の積 $\tilde{x}(f)\tilde{y}(f)$ である．

$x(t)$ の平均値を μ としよう．$x(t)$ から μ を差し引いた信号を $z(t) = x(t)-\mu$ とする．$z(t)$ は信号の振幅に相当する．$z(t)$ について，第 1.3 節の式（1.25）に対応するような積分

$$\int_{-\infty}^{\infty} z(t)z(t+\tau)dt \qquad (1.47)$$

を考えよう．これは時差 τ の関数である．その Fourier 変換は，畳込みの Fourier 変換からわかるように，$|\tilde{z}(f)|^2$ である．物理学では波動のエネルギー密度は振幅の 2 乗で定義される．この概念を一般の信号に拡張して，信号の全エネルギーに対応する**パワー**（power）W を定義する．

$$W = \int_{-\infty}^{\infty} |z(t)|^2 dt. \qquad (1.48)$$

パワーについて以下の関係が成り立つ．これを **Parseval**（パーセバル）の定理という．

$$\int_{-\infty}^{\infty} |z(t)|^2 dt = \int_{-\infty}^{\infty} |\tilde{z}(f)|^2 df. \qquad (1.49)$$

$|\tilde{z}(f)|^2$ は，周波数が $f \sim f+df$ の区間にあるような信号成分のパワー密度，即

ち，パワースペクトル密度（power spectral density）$W(f)$ を表すと解釈することができる．ところで，式 (1.49) を見ると，周波数は $-\infty$ から $+\infty$ に渡って分布している．しかしながら，周波数の符号を区別せず，f が 0 から $+\infty$ に渡って分布するとしてパワースペクトル密度を求める方が，物理現象との対応から見ると自然である．そのために，片側パワースペクトル密度（one-sided powerspectral density）$W_+(f)$ （$0 \leq f < \infty$）を導入することがある．

$$W_+(f) = |\ \tilde{z}(f)\ |^2 + |\ \tilde{z}(-f)\ |^2 . \tag{1.50}$$

周波数の関数としての $W(f), W_+(f)$ を単にパワースペクトルと呼ぶこともある．

式 (1.49) は，$t \to \pm\infty$ のとき $z(t) \to 0$ でなければ，発散し，意味がない．ところが，確率過程では，$t \to \pm\infty$ で $z(t) \to 0$ となることは想定されていない．したがって，確率過程のパワースペクトルを考えるには，信号の定義の仕方を変更する必要がある．単位時間当たりのパワースペクトル密度，即ち，信号の電力を導入するのである．信号 $z(t)$ を次式のように有限の区間に限定する．

$$z(t) = \begin{cases} z(t) & (|\ t\ |\leq T) \\ 0 & (|\ t\ |> T) \end{cases}$$

このように定義し直すと，

$$\begin{aligned} \tilde{z}(f) &= \int_{-\infty}^{\infty} z(t)\exp(-2\pi ift)dt \\ &= \int_{-T}^{T} z(t)\exp(-2\pi ift)dt \end{aligned} \tag{1.51}$$

となるから，$W(f)$ の単位時間当たりの量 $W_T(f)$ を考えることができる．

$$W_T(f) = \frac{|\ \tilde{z}(f)\ |^2}{2T}. \tag{1.52}$$

本書が対象とするのは複雑な時系列である．単一周波数の規則的な信号は想定していない．このような場合には，$T \to \infty$ で $W_T(f)$ は収束する[165]．したがって，確率過程のパワースペクトル密度は，式 (1.52) で表現できる．ところで，T をどんどん大きくすると $W_T(f)$ はどうなるだろうか．$W_T(f)$ は

$$\begin{aligned} W_T(f) &= \frac{1}{2T}\int_{-\infty}^{\infty}\exp(-2\pi if\tau)\left[\int_{-T}^{T} z(t)z(t+\tau)dt\right]d\tau \\ &= \int_{-\infty}^{\infty}\exp(-2\pi if\tau)r(\tau)d\tau \end{aligned} \tag{1.53}$$

と書ける．ここで，

$$r(\tau) = \frac{1}{2T}\int_{-T}^{T} z(t)z(t+\tau)dt \tag{1.54}$$

である．エルゴード的確率過程について，$T \to \infty$ の極限では

$$\lim_{T \to \infty} W_T(f) = \lim_{T \to \infty} \int_{-\infty}^{\infty} \exp(-2\pi i f \tau) r(\tau) d\tau$$

$$= \int_{-\infty}^{\infty} \exp(-2\pi i f \tau) E\left[(x(t) - \mu)(x(t + \tau) - \mu)\right] d\tau$$

$$= \int_{-\infty}^{\infty} \exp(-2\pi i f \tau) \gamma(\tau) d\tau \tag{1.55}$$

となる．つまり，パワースペクトルは，第1.3節で述べた自己共分散関数あるいは自己相関関数の Fourier 変換である．パワースペクトルは，自己共分散関数または自己相関関数が持つ情報を周波数領域で表現し直したものに等しい．前節の最後で，自己相関関数はダイナミックスの線形性を表す統計量であることを指摘した．パワースペクトルは，自己相関関数と同様，非線形ダイナミックスの性質を捉えることができない．これは，カオス系のような非線形系のデータを扱う場合に留意しておかなければならない重要な事実である．

重要な例として，平均値がゼロで，分散が σ^2 の正規過程のパワースペクトルを考えてみよう．正規過程は無相関過程であり，共分散関数は次式で与えられる．

$$\gamma(\tau) = \begin{cases} \sigma^2 & (\tau = 0) \\ 0 & (\tau \neq 0) \end{cases}$$

正規過程は離散的な数列をなすから，パワースペクトルは

$$\lim_{T \to \infty} W_T(f) = \sum_{\tau = -\infty}^{\infty} \exp(-2\pi i f \tau) \gamma(\tau) = \sigma^2 \tag{1.56}$$

となる．どの周波数 f でも，パワースペクトル密度は σ^2 に等しく一定である．これは注目に値する結果である．何故ならば，正規過程には，すべての周波数の周期成分が一様の強さで含まれているからである．光学における白色光のスペクトルとの類推から，このような時系列を**白色ノイズ**（white noise）と呼ぶことがある．

しかしながら，白色ノイズは現実の物理量の時系列には対応しない．数学的概念としての時系列である．物理的過程のパワースペクトルは，高周波数側と低周波数側にそれぞれ遮断周波数を持つはずである．もし，高周波数側に遮断周波数を持たなければ，信号の全エネルギーは発散してしまう．また，低周波数側に遮断周波数がなければ，いくらでも長い周期の信号成分を含むことになってしまう．

1.6　時系列の Fourier 変換とパワースペクトルの推定

時系列の Fourier 変換を**離散 Fourier 変換**（discrete Fourier transform, DFT）という．離散的なデータ列を扱うために必要となる概念がいくつかある．隣り合う観測値間の時間間隔 Δt は，**サンプリング時間**（sampling time）と呼

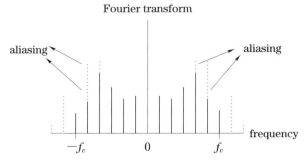

図 1.5 エイリアシングの概念図.

ばれる. サンプリング時間の逆数を**サンプリング周波数**（sampling frequency）
という. サンプリング周波数に関連して，**Nyquist**（ナイキスト）**臨界周波数**
f_c（Nyquist criticalfrequency）が定義される.

$$f_c = \frac{1}{2\Delta t}. \tag{1.57}$$

臨界周波数という名から想像される通り，この周波数は，**サンプリング定理**
（sampling theorem）と**エイリアシング**（aliasing）という離散データに特有の
概念と現象に深い関係がある. サンプリング定理は，連続関数の正弦波による
fitting を保証する. 時間について連続な関数 $x(t)$ を Δt ごと観測して，時系
列 $\{x(n)\}$ を得たとする. もし，$x(t)$ に f_c よりも大きな周波数の周期成分が
含まれていないならば，即ち，$|f| > f_c$ に対して $\tilde{x}(f) = 0$ ならば，

$$x(t) = \sum_{n=-\infty}^{\infty} \frac{\sin[2\pi f_c(t - n\Delta t)]}{\pi(t - n\Delta t)} x(n)\Delta t \tag{1.58}$$

が成り立つ.

　エイリアシングは，パワースペクトルの推定精度を劣化させる厄介な現象であ
る. $x(t)$ が f_c よりも大きな周波数の周期成分を含んでいるとしよう. $|f| > f_c$
に対して $\tilde{x}(f) \neq 0$ とする. この場合，Nyquist 臨界周波数の外側，即ち，
$|f| > f_c$ の周波数帯域にあるスペクトル密度が，本来の周波数帯域から移動し
て，図 1.5 に示すように，Nyquist 臨界周波数の内側 $|f| \leq f_c$ の部分に折り
返されてしまう. その結果，f_c 付近のスペクトル密度推定値は誤りとなる. 観
測のサンプリング時間を短くして f_c を大きくするか，信号フィルターを用い
て f_c 以上の周波数の信号成分を物理的に除去する以外に，エイリアシングを
防ぐ方法はない.

　離散 Fourier 変換の要点を述べよう. 時間間隔 Δt でサンプリングされた
$N = 2M$ 個のデータからなる時系列 $\{x(n)\}_{n=0}^{N-1}$ が与えられたとする. $x(n)$
は周期 N のデータ列であると見なすと，この時系列の基本周波数は $1/(N\Delta t)$
である. データ点は N 個だから，推定可能な Fourier 係数は N 個ある. 対応

する周波数は

$$f_\nu = \frac{\nu}{N\Delta t} \quad \left(\nu = -\frac{N}{2}, \ldots, \frac{N}{2}\right) \tag{1.59}$$

で表される．両端の周波数は Nyquist 臨界周波数に一致する．周期 N を仮定したから，$-f_c$ と f_c における Fourier 係数は同じである．時間的に連続なもとの信号 $x(t)$ の Fourier 変換は次式で近似される．

$$\tilde{x}(f_\nu) = \int_{-\infty}^{\infty} x(t)\exp(-2\pi i f_\nu t)dt$$
$$\approx \sum_{n=0}^{N-1} x(n)\exp(-2\pi i f_\nu n\Delta t)\Delta t. \tag{1.60}$$

式（1.59）を用いると，

$$\tilde{x}(f_\nu) = \sum_{n=0}^{N-1} x(n)\exp\left(-\frac{2\pi i\nu n}{N}\right)\Delta t. \tag{1.61}$$

式（1.61）から Δt を除いた部分を $\tilde{X}(\nu)$ とおく．

$$\tilde{X}(\nu) = \sum_{n=0}^{N-1} x(n)\exp\left(-\frac{2\pi i\nu n}{N}\right). \tag{1.62}$$

これが離散 Fourier 変換である．$\{x(n)\}_{n=0}^{N-1}$ は，サンプリング時間 Δt を単位として，時間を無次元化して眺めた時系列である．その Fourier 変換が $\tilde{X}(\nu)$ であるから，$\tilde{X}(\nu)$ の定義式の中にサンプリング時間は現れない．周波数に対応する指標 ν は，本来 $-N/2$ から $N/2$ までの整数値を取る．$\tilde{X}(\nu)$ は周期 N の周期関数だから，

$$\tilde{X}\left(-\frac{N}{2}\right) = \tilde{X}\left(\frac{N}{2}\right)$$

であるが，式（1.62）から

$$\tilde{X}(-\nu) = \tilde{X}(N - \nu)$$

が成立するので，ν を 0 から N までの整数値で表してもよい．

　$\tilde{X}(\nu)$ から時系列に戻るには，**離散逆 Fourier 変換**（dicrete inverse Fourier transform）を実行すればよい．これは次式で定義される．

$$x(n) = \frac{1}{N}\sum_{\nu=0}^{N-1} \tilde{X}(\nu)\exp\left(\frac{2\pi i\nu n}{N}\right). \tag{1.63}$$

式（1.62）と式（1.63）から，離散 Fourier 変換に関する Parseval の定理が得られる．

$$\sum_{n=0}^{N-1} |x(n)|^2 = \frac{1}{N}\sum_{\nu=0}^{N-1} |\tilde{X}(\nu)|^2. \tag{1.64}$$

式 (1.62) と式 (1.63) は，計算量は同じである．N 個のデータについて，式に表されている通りに計算すると，乗算を N^2 回実行しなければならない．この計算量は相当大きい．最近のパソコンは随分と性能が向上したが，$N = 10^4$ では少々不便を感じるであろう．$N = 10^5$ では実務に支障を来すほどになるだろう．$N = 10^6$ では，もはや実用的とは言い難いほど計算に時間がかかるだろう．$O(N^2)$ の計算量は，実用に耐えるものではない．それでは，離散 Fourier 変換は実用的ではないのかというと，そうではない．**高速 Fourier 変換**（fast Fourier transform, FFT）という便利な計算アルゴリズムの発見のおかげで，離散 Fourier 変換の実行に要する計算量は，$O(N \log_2 N)$ まで減らすことができる．例えば，$N = 8192$ とすると，その計算量は 1/1000 程度にまで減少する．

　高速 Fourier 変換の要点を述べよう．詳細については，例えば，文献 [165] を参照されたい．文献 [165] には計算プログラムが豊富に記されており，たいへん有用である．高速 Fourier 変換の核心は以下のように要約できる．時系列 $\{x(n)\}_{n=0}^{2M-1}$ の Fourier 変換は，偶数番目のデータ点からなる長さが 1/2 の時系列 $\{x(2n)\}_{n=0}^{M-1}$ と，奇数番目のデータ点からなる時系列 $\{x(2n+1)\}_{n=0}^{M-1}$ のそれぞれ Fourier 変換の和に等しい．この事実を利用すると，乗算回数を大幅に削減できる．

$$
\begin{aligned}
\tilde{X}(\nu) &= \sum_{n=0}^{N-1} x(n) \exp\left(-\frac{2\pi i \nu n}{N}\right) \\
&= \sum_{n=0}^{M-1} x(2n) \exp\left(-\frac{2\pi i \nu (2n)}{N}\right) \\
&\quad + \sum_{n=0}^{M-1} x(2n+1) \exp\left(-\frac{2\pi i \nu (2n+1)}{N}\right) \\
&= \sum_{n=0}^{M-1} x(2n) \exp\left(-\frac{2\pi i \nu n}{M}\right) \\
&\quad + \exp\left(-\frac{2\pi i \nu}{N}\right) \sum_{n=0}^{M-1} x(2n+1) \exp\left(-\frac{2\pi i \nu n}{M}\right).
\end{aligned}
$$

$$
\tag{1.65}
$$

$N = 2^q$ のように，N を 2 のべき乗に取っておくと，上に示した時系列の 2 分割を繰り返すことができる．一番簡単な $N = 2$ の場合には，

$$
\tilde{X}(0) = x(0) + x(1),
$$
$$
\tilde{X}(1) = x(0) - x(1)
$$

となる．乗算はまったく行なわれていない．次に簡単な $N = 2^2$ の場合を示すと，

$$\tilde{X}(0) = [x(0) + x(2)] + [x(1) + x(3)],$$

$$\tilde{X}(1) = [x(0) - x(2)] + [x(1) - x(3)] \exp\left(-\frac{2\pi i}{4}\right),$$

$$\tilde{X}(2) = [x(0) + x(2)] + [x(1) + x(3)] \exp\left(-\frac{4\pi i}{4}\right),$$

$$\tilde{X}(3) = [x(0) - x(2)] + [x(1) - x(3)] \exp\left(-\frac{6\pi i}{4}\right).$$

乗算回数が実際に節約されていることがわかるであろう．結局，$N = 2M = 2^q$ 個の観測値からなる時系列 $\{x(n)\}_{n=0}^{N-1}$ について，以下のような公式が得られる．

$$\tilde{X}(2\nu) = \sum_{n=0}^{M-1} [x(n) + x(n+M)] \exp\left(-\frac{2\pi i n(2\nu)}{N}\right), \quad (1.66)$$

$$\tilde{X}(2\nu+1) = \sum_{n=0}^{M-1} [x(n) - x(n+M)] \exp\left(-\frac{2\pi i n(2\nu+1)}{N}\right),$$

$$(1.67)$$

$$(\nu = 0, 1, \ldots, M-1).$$

高速 Fourier 変換のアルゴリズムには他のバリエーションもあるが，本書では触れない．興味をお持ちの読者は，文献 [165] を参照していただきたい．

高速 Fourier 変換を利用してパワースペクトル $W_N(\nu)$ を推定するには，

$$W_N(0) = \frac{1}{N^2} \left|\tilde{X}(0)\right|^2, \tag{1.68}$$

$$W_N(\nu) = \frac{1}{N^2} \left[\left|\tilde{X}(\nu)\right|^2 + \left|\tilde{X}(N-\nu)\right|^2\right] \tag{1.69}$$

$$(\nu = 1, \ldots, M-1),$$

$$W_N(M) = \frac{1}{N^2} \left|\tilde{X}(M)\right|^2 \tag{1.70}$$

のようにするとよい．

$$f = \frac{2f_c \nu}{N} \quad (\nu = 0, \ldots, M) \tag{1.71}$$

を用いると，$W_N(\nu)$ を周波数の関数として表示できる．ν について $W_N(\nu)$ の和をとり，全パワー W を求めてみよう．

$$W = \sum_{\nu=0}^{N-1} W_N(\nu)$$

$$= \frac{1}{N^2} \sum_{\nu=0}^{N-1} \left|\tilde{X}(\nu)\right|^2.$$

これに，式（1.64）の Parseval の定理を適用すると，

$$W = \frac{1}{N} \sum_{n}^{N-1} |x(n)|^2 \tag{1.72}$$

が得られる．このことから，全パワーが時系列の平均 2 乗に一致するように，各スペクトル密度の係数が定められていることがわかる．

$W_N(\nu)$ は **ピリオドグラム**（periodogram）と呼ばれるパワースペクトル推定法である．もともとは，信号に含まれている周期的な変動成分を検出するために考えられた手法である．$W_N(\nu)$ に鋭いピークが存在するならば，そのピークに対応する周波数の規則的な波が，もとの信号に含まれている．

ピリオドグラムによって推定されたパワースペクトルには，実は問題がある．一つは **データウィンドウ**（data window）に関連する問題である．N 個の観測値からなる時系列をサンプルとして選んだということは，その両側に無限に続く時系列から，該当する N 個の部分だけを，ある窓を通して抜き出して観測したと考えることができる．この窓のことをデータウィンドウという．時系列を抜き出した結果，あたかも，窓の左側の部分で突然データが現れ，窓の右側では突然データが消えるように見える．つまり，窓の両端で非常に急激な変化が生じてしまう．その結果，フーリエ成分が，高い周波数まで持続する．この効果を抑えるには，窓の両端の変化を緩やかにすればよい．これは，最初 0 から信号の最大値に向かって徐々に増加し，終端部では逆に 0 に向かって徐々に減少する時系列 $\{w(n)\}_{n=0}^{N-1}$ を，時系列 $\{x(n)\}_{n=0}^{N-1}$ に掛けることによって実現される．$\{w(n)\}_{n=0}^{N-1}$ をデータウィンドウと呼ぶ．

$$x(n) \to w(n)x(n).$$

データウィンドウにはいろいろな関数が考えられている．よく利用されるデータウィンドウの一つは，**Hanning**（ハニング）**窓**（Hanning window）と呼ばれるもので，次式で定義される．

$$w(n) = \frac{1}{2}\left[1 - \cos\left(\frac{2\pi n}{N-1}\right)\right]. \tag{1.73}$$

Hanning 窓の例を図 1.6 に示しておく．

ピリオドグラムのもう一つの難点は，$N \to \infty$ の極限で，真のパワースペクトルに近づかないこと，即ち，一致推定値でないことである．$N \to \infty$ の極限においても，ピリオドグラムの分散値は一定のままで，推定精度は改善されない．これを克服するために，スペクトル推定値のスムージングという手法が考えられている．しかし，本書では，この問題にはこれ以上立ち入らないことにする．詳細は，文献 [14], [15], [165] を参照して欲しい．

この節の最後に，図 1.1 と図 1.2 の時系列について，高速 Fourier 変換によって推定した片側パワースペクトルを，それぞれ，図 1.7 と図 1.8 に示しておこう．データウィンドウには Hanning 窓を用いている．両図の縦軸，横軸とも無次元化されている．いずれのスペクトルでも，周期的変動に相当するピークは観測されない．自己相関関数の推定結果から予想されたように，株価も高炉の温度も不規則に変動している．

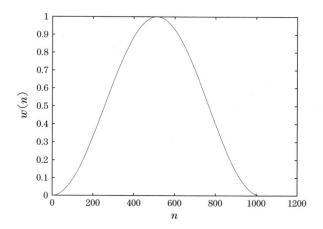

図 1.6　Hanning 窓（$n = 0 \sim 1023$）.

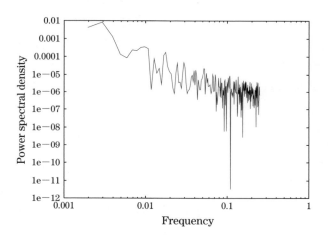

図 1.7　平均株価時系列の片側パワースペクトル.

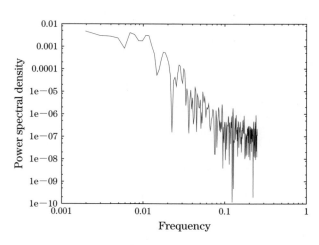

図 1.8　高炉時系列の片側パワースペクトル.

第 2 章
線形予測

この章では線形予測法について学ぶ．線形予測モデルには様々なバリエーションがある．自己回帰（AR）モデルは定常確率過程を近似するための標準的手法である．非定常過程を扱えるように，自己回帰積分移動平均（ARIMA）モデルを導入する．線形予測モデルを記述するパラメータは，前章で述べた自己共分散関数を利用して決定される．線形予測法は時系列解析の有用なツールであるが，カオスのような非線形ダイナミックスから生じる動的挙動を再現できないという限界がある．

2.1　はじめに

最初に，定常時系列の表現に関する約束事を述べておこう．定常過程 $\{x(t)\}$ を，その平均値を差し引いた値によって表現する．

$$x(t) - \mu \to x(t).$$

こうして，$\{x(t)\}$ は，平均値がゼロの定常過程に書き換えられる．以下では，特に断らない限り，この表現を用いる．

時系列予測とは何か，その要点を述べよう．ある挙動について，過去から現在までの各時点での値がわかっているとする．この情報を，観測値の列によって構成されるベクトル

$$\boldsymbol{x}(t) = (x(t), x(t-1), \ldots, x(t-D+1))$$

で表す．$D = -\infty$ は無限の過去まで遡ることを意味する．現在を起点にして τ 時間ステップ未来における挙動 $x(t+\tau)$ は

$$x(t+\tau) = F\left[\boldsymbol{x}(t)\right] \tag{2.1}$$

と表されるだろう．F は状態変化のダイナミックスを表す写像である．定数 a, b

について $F(a\boldsymbol{x}+b\boldsymbol{y})=aF(\boldsymbol{x})+bF(\boldsymbol{y})$ が成立するならば，F は線形ダイナミックスを表す．成立しないならば，非線形ダイナミックスを表す．時系列データから F の近似 f を推定できれば，

$$\hat{x}(t+\tau)=f\left[\boldsymbol{x}(t)\right] \tag{2.2}$$

によって，未来の挙動に関する予測値 $\hat{x}(t+\tau)$ が得られる．これを**時系列予測**（time series prediction）という．

どのような定常過程 $\{z(t)\}$ も，**決定論的**（deterministic）な定常過程 $\{y(t)\}$ と**非決定論的**（nondeterministic）な定常過程 $\{x(t)\}$ の和で表すことができる．

$$z(t)=x(t)+y(t).$$

これは **Wold**（ウォルド）の**分解定理**と呼ばれる．厳密な議論については，文献 [15] を参照されたい．ここでは概略だけを述べる．非決定論的過程 $\{x(t)\}$ は，過去へ遡っていくに従って，その影響がどんどん薄れ，無限の過去に遡った極限が現在の実現値に何の影響も与えないような定常過程である．大雑把に言うと，パワースペクトル密度を周波数について積分して得られるスペクトル分布関数は，非決定論的過程では連続分布関数となり，決定論的過程では離散分布関数となる．本書で興味があるのは，非決定論的過程である．これは，何らかの理由で情報の欠如があるような状態変化の過程に相当する．情報の欠如は，状態の観測に関する技術的問題から生じるのかも知れないし，外部からシステムに加わる制御不可能な摂動によるものかも知れない．あるいは，システムのダイナミックス自身に起因するのかも知れないが，その起源は問わない．

非決定論的定常過程は，平均値がゼロで，分散が 1 の白色ノイズ $\xi(t)$ の無限級数によって与えられる [15], [49]．

$$x(t)=\xi(t)+\sum_{i=1}^{\infty}a_i\xi(t-i), \tag{2.3}$$
$$\sum_{i=1}^{\infty}\mid a_i\mid<\infty.$$

これは次のように書き換えることができる [49], [119]．

$$x(t)=\sum_{i=0}^{\infty}c_ix(t-i)+\xi(t), \tag{2.4}$$
$$\sum_{i=1}^{\infty}\mid c_i\mid<\infty.$$

どちらの方程式も無限級数を含むので，それらを直接使って時系列予測することはできない．そこで，式（2.3），（2.4）の右辺を有限項で打ち切った形を使って，確率過程のダイナミックスを近似することを考えよう．これがこの章のテーマである**線形予測法**（linear predictive method）である．確率過程を有限長

の線形項と白色ノイズ列で近似するので，未来の値に関する高い精度の予測はできないかも知れない．しかし，統計的分布や統計モーメントを再現できるようにする．線形予測モデルを作る上で，基本となる考え方は第1章で示した式 (1.41) に現れている．

$$x(t + \tau) - \bar{x} = \hat{r}(\tau)\left[x(t) - \bar{x}\right].$$

時系列の各データから平均値 $\bar{x}$ を引いたもので書き直すと，

$$x(t + \tau) = \hat{r}(\tau)x(t)$$

である．実際に観測される時系列は，ある時差にわたって持続する自己相関を持っていることが多い．そのような挙動の統計的性質は線形予測モデルで再現される可能性がある．

2.2 自己回帰（AR）モデル

自己回帰過程（autoregressive process, AR process）とは，

$$x(t) = c_1 x(t-1) + c_2 x(t-2) + \ldots + c_p x(t-p) + \xi(t) \qquad (2.5)$$

によって表される過程である．**AR 過程**と略称される．これは式 (2.4) の右辺を有限項で打ち切ると得られる．式 (2.5) は p 次 AR 過程と呼ばれ，p 個の係数 $c_1, \ldots, c_p$ と，平均値がゼロで分散が σ^2 の白色ノイズ $\xi(t)$ を含む．AR(p) と表記されることもある．AR 過程を決定する係数 $c_1, \ldots, c_p$ と σ^2 は，AR パラメータと呼ばれる．$\xi(t)$ は，ダイナミックスに対する滑らかな近似関数としての**線形予測子**（linear predictor）

$$\hat{x}(t) = c_1 x(t-1) + c_2 x(t-2) + \ldots + c_p x(t-p) \qquad (2.6)$$

の予測残差（residual）に対応する．線形予測子が最良近似ならば，残差は $x(t-1), \ldots, x(t-p)$ と無相関である．もし，相関が残っていれば，残差の中には，少なくとも $p+1$ 次の線形項が隠れている．したがって，線形予測子は $p+1$ 次に置き換えられなければならない．線形予測子と残差の相関に関して，それ以上の要求はない．しかしながら，AR 過程では，残差の部分が，時系列から推定される分散を持つ平均値ゼロの白色ノイズに置き換えられる．AR パラメータによって与えられる時系列の近似モデルは，AR(p) モデルと呼ばれる．時系列から AR(p) パラメータを推定する方法は次節で述べる．

定常過程の挙動を時間領域で記述する AR 過程は，白色ノイズを入力とするインパルス応答の出力結果と見ることができる．このような過程は，**Laplace（ラプラス）変換**（Laplace transform）の離散的データ列への適用版とも言える **z 変換**（z transform）を用いて，周波数領域で簡潔に記述できる．複素数

に拡張された周波数を，実定数 s, 実周波数 f を用いて $\tilde{f} = 2\pi f + is$ とする.

$$z = \exp(-i\tilde{f}\Delta t), \quad \Delta t = 1$$

とおくと，式 (2.5) の z 変換は，

$$X(z) = \left(c_1 z + c_2 z^2 + \ldots + c_p z^p\right) X(z) + N(z). \tag{2.7}$$

ただし，$X(z), N(z)$ はそれぞれ $x(t), \xi(t)$ の z 変換を表す. この式は以下のように書き換えられる.

$$X(z) = \frac{1}{1 - c_1 z - c_2 z^2 - \ldots - c_p z^p} N(z) \tag{2.8}$$

$$= H(z)N(z). \tag{2.9}$$

$H(z)$ は**伝達関数** (transfer function) と呼ばれる. これは入力信号としての白色ノイズに対するシステムの応答特性を表す関数で，システムの応答が安定で，定常な出力を実現するためには，$H(z)$ の極，即ち，特性方程式

$$1 - c_1 z - c_2 z^2 - \ldots - c_p z^p = 0$$

の根が，すべて単位円の外側になくてはならない. この条件を満たすならば，AR 過程は定常過程となる.

AR 過程のパワースペクトル $W(f)$ は，式 (2.8) から

$$W(f) = \mid H(z) \mid^2 W_\xi(f),$$

$$z = \exp(-2\pi i f)$$

となる. 白色ノイズのパワースペクトルは $W_\xi(f) = \sigma^2$ だから，

$$W(f) = \frac{\sigma^2}{\left|1 - \sum_{k=1}^p c_k \exp(-2\pi i k f)\right|^2} \tag{2.10}$$

が成り立つ. AR 過程のパワースペクトルは，AR パラメータによって簡潔に表される. これは，定常過程のパワースペクトルを推定する簡便な方法で，高速 Fourier 変換とは異なる. 線形予測モデルによるパワースペクトル推定の利点は，データウィンドウの問題から解放されることにある. AR 過程では，伝達関数の極に対応してパワースペクトルにピークが現れる. したがって，定常確率過程のパワースペクトルがピークを持つことがわかっていれば，AR モデルによってダイナミックスを近似するとよいだろう. 典型的な事例は母音である. 我々がふだん話す母音のパワースペクトルは，フォルマント構造と呼ばれるいくつかのピークを持つ. この事実のために，母音のダイナミックスを再現するのに，AR モデルがしばしば利用される.

AR 過程の挙動を，具体例を通して見てみよう. そのために，AR 過程を疑

似的に再現する．疑似的と断るには理由がある．計算機で何かを計算することによって乱数を作ることはできないからである．乱数は計算不可能な数である．疑似的な白色ノイズを合成する簡単な方法を紹介しよう．この方法で生成される時系列は，白色ノイズのような乱雑な振舞いを装うことができるが，長い時系列を作ると周期性が現れる．しかしながら，白色ノイズはしばしば必要になるので，疑似的なノイズ列であっても合成できれば便利である．無相関正規過程を作り出す方法として，**Box–Muller（ボックス–マラー）法**というアルゴリズムが知られている[165]．実現値が 0 と 1 の間で一様に分布する乱数列 $\{s_1(t)\}, \{s_2(t)\}$ があるとする．これらを利用すると，正規過程を装う二つの独立な時系列 $\{\xi_1(t)\}, \{\xi_2(t)\}$ を合成できる．

$$\xi_1(t) = \sqrt{-2\ln s_1(t)}\cos(2\pi s_2(t)),$$
$$\xi_2(t) = \sqrt{-2\ln s_1(t)}\sin(2\pi s_2(t)).$$

一様乱数列は，**線形合同法**（linear congruential method）と呼ばれる方法によって作られる．これは

$$s(t+1) = as(t) + b \pmod{m} \tag{2.11}$$

という簡潔な漸化式で表される**疑似乱数**（pseudorandom numbers）生成アルゴリズムである．定数 a, b, m をうまく選択すると，最大周期 $m-1$ で，0 と $m-1$ の間で一様乱雑に分布する整数列 $\{s(t)\}$ を作ることができる．文献 [208], [225] によると，$\{s(t)\}$ が最大周期を持つための必要十分条件は，次の 3 つの条件を同時に満たすことである．

1. b と m の唯一の公約数は 1 である．
2. m のすべての素因数について，$a-1$ はその各々の倍数である．
3. m が 4 の倍数ならば，$a-1$ は 4 倍数である．

しばしば用いられる定数は，

$$a = 7^5 = 16807,$$
$$b = 0,$$
$$m = 2^{31} - 1 = 2147483647$$

である．線形合同法であれ，他の方法であれ，乱数生成アルゴリズムによって生成される数値列は，乱数を装うに過ぎない[109], [155]．ある応用例で成功した疑似乱数が，別の応用例ではうまく機能しないことがあり得る[77]．疑似乱数の効果は応用例に依存するらしいので，注意して使用しなければならない．真の乱数は計算不可能な数であるが，もしかすると，最近注目を集めつつある量子コンピューティングという技術によって，量子力学的観測における波束の収縮過程（reduction of wave packet）を利用して，何かを計算することなく生成

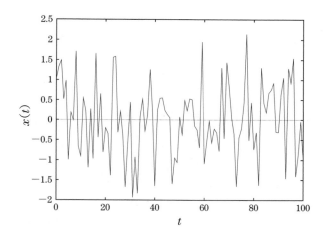

図 2.1　疑似的な白色ノイズ.

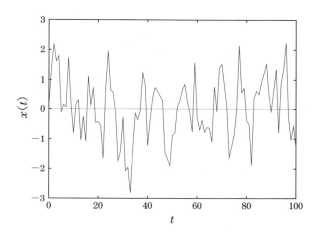

図 2.2　AR(1) 過程の例：$x(t) = 0.5x(t-1) + \xi(t)$.

されるのかも知れない[225].

　Box–Muller 法よって $\sigma^2 = 1$ の白色ノイズを合成した．時系列の一部を図 2.1 に示す．この白色ノイズ $\xi(t)$ を用いて，

$$x(t) = 0.5x(t-1) + \xi(t)$$

と表される AR(1) 過程を合成した．結果を図 2.2 に示す．不規則な定常過程らしい動きが見える．図 2.3 は自己相関関数の推定結果である．図 2.4 には，特性方程式の根が単位円の内側にある非定常 AR(1) 過程の例として，

$$x(t) = 1.05x(t-1) + \xi(t)$$

による時系列を示した．時系列は上昇し続け，定常性は認められない．

　AR(1) 過程の係数 c_1 が 1 に非常に近いときには，計量経済学等でユニット

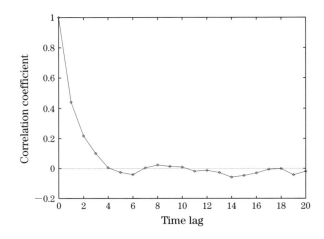

図 2.3 　AR(1) 過程 $x(t) = 0.5x(t-1) + \xi(t)$ の自己相関関数.

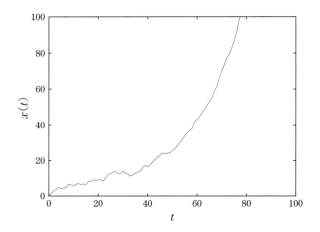

図 2.4 　非定常な AR(1) 過程の例：$x(t) = 1.05x(t-1) + \xi(t)$.

ルート過程（unit root process）と呼ばれる時系列が現れる．図 2.5 にユニットルート過程の例を示す．図 2.6 は自己相関関数である．

$$x(t) = 0.99x(t-1) + \xi(t).$$

時系列の平均値がある期間ごとに変動し，非定常過程のような印象を与える．観測データからこのような過程の起源を解析したとすると，第 2.7 節で議論する ARIMA 過程として同定されることであろう．ユニットルート過程は経済現象の中にしばしば見られるようであり，AR 過程であるにも関わらず，非線形ダイナミックスによるカオス的過程と混同される傾向があるらしい [19], [51]．これについては，第 3 章で再び触れることにする．

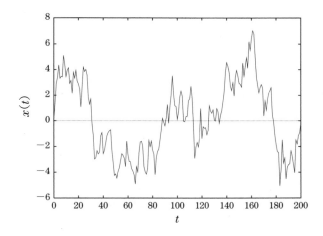

図 2.5　AR(1) 過程の例：$x(t) = 0.99x(t-1) + \xi(t)$.

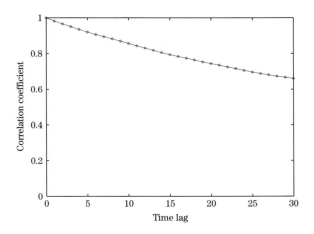

図 2.6　AR(1) 過程 $x(t) = 0.99x(t-1) + \xi(t)$ の自己相関関数.

AR 過程の事例をもう一つ見ておこう．AR(2) 過程を 2 例合成する．

$$x(t) = 0.5x(t-1) - 0.3x(t-2) + \xi(t), \qquad (2.12)$$

$$x(t) = -0.5x(t-1) - 0.3x(t-2) + \xi(t). \qquad (2.13)$$

図 2.7 と図 2.8 は合成された時系列である．AR 係数 c_1 が負の値をとると，時系列は平均値の周りで激しく振動する．

　図 2.9 と図 2.10 には自己相関関数を，また，図 2.11 と図 2.12 には式（2.10）によって求めたパワースペクトルを示した．変動の上下動の激しさに応じて，パワースペクトル上でピークが高周波数側に移動する様子が見られる．

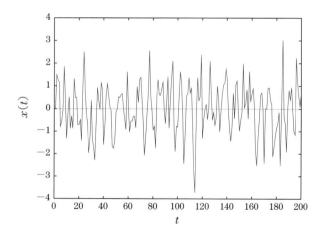

図 2.7　AR(2) 過程の例：$x(t) = 0.5x(t-1) - 0.3x(t-2) + \xi(t)$.

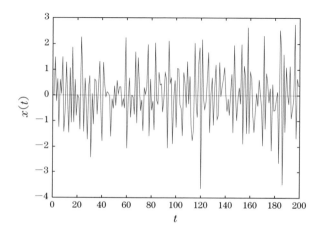

図 2.8　AR(2) 過程の例：$x(t) = -0.5x(t-1) - 0.3x(t-2) + \xi(t)$.

2.3　AR パラメータの推定

　AR パラメータを決定するための基礎となる関係を導いてみよう．式 (2.5) の両辺に，$x(t-\tau)$ をかけると，

$$x(t-\tau)x(t) = c_1 x(t-\tau)x(t-1) + c_2 x(t-\tau)x(t-2) + \ldots$$
$$+ c_p x(t-\tau)x(t-p) + x(t-\tau)\xi(t) \tag{2.14}$$

が得られる．すべての実現値について両辺の期待値を取ると，AR パラメータと自己共分散関数の間に成り立つ関係が導かれる．$\tau = 0$ ならば，

$$\gamma(0) = c_1 \gamma(1) + c_2 \gamma(2) + \ldots + c_p \gamma(p) + \sigma^2 \tag{2.15}$$

である．ただし，$\gamma(-k) = \gamma(k)$ を考慮した．$\tau > 0$ ならば $E\left[x(t-\tau)\xi(t)\right] = 0$

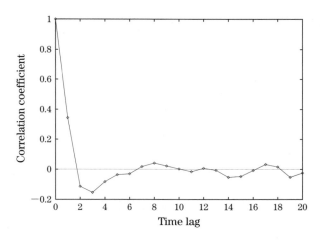

図 2.9　AR(2) 過程 $x(t) = 0.5x(t-1) - 0.3x(t-2) + \xi(t)$ の自己相関関数.

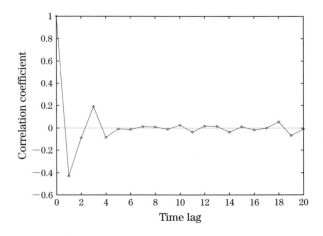

図 2.10　AR(2) 過程 $x(t) = -0.5x(t-1) - 0.3x(t-2) + \xi(t)$ の自己相関関数.

が成り立つから，次の方程式が得られる．

$$\gamma(\tau) = c_1\gamma(\tau-1) + c_2\gamma(\tau-2) + \ldots + c_p\gamma(\tau-p). \qquad (2.16)$$

この式を $\tau = 1, \ldots, p$ について書き直し，式 (2.15) と合わせて以下の連立方程式を得る．

$$\sigma^2 = \gamma(0) - c_1\gamma(1) - c_2\gamma(2) - \ldots - c_p\gamma(p), \qquad (2.17)$$

$$\gamma(1) = c_1\gamma(0) + c_2\gamma(1) + \ldots + c_p\gamma(p-1),$$

$$\gamma(2) = c_1\gamma(1) + c_2\gamma(0) + \ldots + c_p\gamma(p-2),$$

$$\vdots \qquad\qquad\qquad\qquad (2.18)$$

$$\gamma(p) = c_1\gamma(p-1) + c_2\gamma(p-2) + \ldots + c_p\gamma(0).$$

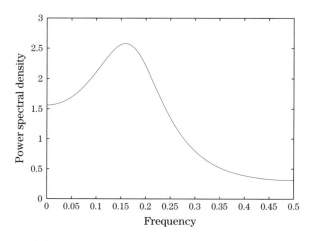

図 2.11 AR(2) 過程 $x(t) = 0.5x(t-1) - 0.3x(t-2) + \xi(t)$ のパワースペクトル.

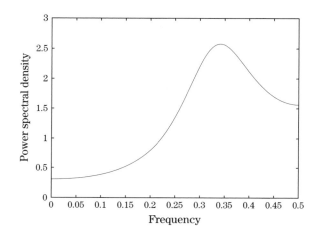

図 2.12 AR(2) 過程 $x(t) = -0.5x(t-1) - 0.3x(t-2) + \xi(t)$ のパワースペクトル.

これらは **Yule–Walker**（ユール–ウォーカー）**方程式**（the Yule–Walker equations）と呼ばれる．AR パラメータは，自己共分散行列または自己相関行列を通して相互に関係を持つ．この事実は Yule–Walker 方程式の中に鮮明に現れている．第 1 章において自己共分散関数の推定式に正定値性を要求したのは，自己共分散行列，自己相関行列に関する数値処理を容易にするためである．時系列データから自己共分散関数を推定し，Yule–Walker 方程式に代入すると $(\gamma(\tau) = \hat{\gamma}(\tau))$，AR モデルを決定できる．こうして求められる AR パラメータは，式（2.6）で表される線形予測子の最良近似を実現する．線形予測子の予測誤差を

$$H_{lin} = \frac{1}{N} \sum_{t=p}^{N-1} (x(t) - \hat{x}(t))^2$$

$$= \frac{1}{N} \sum_{t=p}^{N-1} \left[x(t) - \sum_{i=1}^{p} c_i x(t-i) \right]^2 \qquad (2.19)$$

とおく. H_{lin} を最小にする線形係数は,

$$\frac{\partial H_{lin}}{\partial c_i} = 0 \qquad (2.20)$$

から得られる. 式 (2.20) から導かれる連立方程式は, 式 (2.18) の自己共分散関数にその推定値を代入したものに一致する. こうして, Yule–Walker 方程式を解いて得られる AR パラメータは, 最良線形近似を実現する.

AR モデルの次数 p が低い場合には, Yule–Walker 方程式を解くのは容易である. 例えば, AR(1) 過程の場合,

$$c_1 = \frac{\gamma(1)}{\gamma(0)} = \rho(1)$$

となる. AR(2) 過程では,

$$c_1 = \frac{\gamma(0)\gamma(1) - \gamma(1)\gamma(2)}{\gamma^2(0) - \gamma^2(1)} = \frac{\rho(1) - \rho(1)\rho(2)}{1 - \rho^2(1)},$$

$$c_2 = \frac{\gamma(0)\gamma(2) - \gamma^2(1)}{\gamma^2(0) - \gamma^2(1)} = \frac{\rho(2) - \rho^2(1)}{1 - \rho^2(1)}.$$

次数が高い場合には, 工夫が必要である. Yule–Walker 方程式を高速に解く便利な数値的手続きとして, **Levinson–Durbin** (レビンソン–ダービン) アルゴリズム (the Levinson–Durbin algorithm) が知られている. この方法を証明抜きで紹介しよう. 証明に関心のある読者は文献 [15] を参照して欲しい.

Levinson–Durbin アルゴリズムは線形予測係数 c_i を逐次計算する. k 次の線形予測子 $(1 \le k \le p)$

$$\hat{x}(t) = c_{k,1} x(t-1) + \ldots + c_{k,k} x(t-k) \qquad (2.21)$$

を線形係数 $c_{k,i}$ $(i = 1, \ldots, k)$ で記述する. その残差を $\epsilon_k(t)$ とおく.

$$\epsilon_k(t) = x(t) - \hat{x}(t).$$

残差の平均 2 乗を σ_k^2 とする. 線形予測子の各項と予測残差とは無相関だから,

$$E[\epsilon_k(t)x(t-k)] = 0.$$

したがって,

$$\sigma_k^2 = E\left[(\epsilon_k(t))^2\right]$$

$$= E[\epsilon_k(t)x(t)]$$

$$= E\left[x^2(t)\right] - c_{k,1} E[x(t)x(t-1)] - \ldots - c_{k,k} E[x(t)x(t-k)]$$

$$= \gamma(0) - c_{k,1}\gamma(1) - \ldots - c_{k,k}\gamma(k) \qquad (2.22)$$

を得る. 式 (2.22) を利用すると, 次の関係が導かれる [15].

$$c_{k,k} = \frac{\gamma(k) - c_{k-1,1}\gamma(k-1) - \ldots - c_{k-1,k-1}\gamma(1)}{\sigma_{k-1}^2}. \qquad (2.23)$$

式 (2.23) は,

$$c_{k,k} = \frac{E\left[\left(x(t) - \sum_{i=1}^{k-1} c_{k-1,i}x(t-i)\right)x(t-k)\right]}{\sigma_{k-1}^2} \qquad (2.24)$$

と書き直すことができる. 式 (2.24) から, 係数 $c_{k,k}$ は, $x(t-1), \ldots, x(t-k+1)$ の $x(t)$ との相関を $x(t)$ から取り除いた残りと $x(t-k)$ との相関であると解釈できる. この意味で $c_{k,k}$ のことを k 次の**偏相関係数** (partial correlation coefficient) と呼ぶ. これを $\phi(k)$ と表す.

$$\phi(k) = c_{k,k}.$$

偏相関係数は, **前向き予測** (forward prediction)

$$\hat{x}(t) = c_{k-1,1}x(t-1) + c_{k-1,2}x(t-2) + \ldots + c_{k-1,k-1}x(t-k+1)$$
$$(2.25)$$

と**後向き予測** (backward prediction)

$$\hat{x}(t-k) = c_{k-1,1}x(t-k+1) + c_{k-1,2}x(t-k+2) + \ldots + c_{k-1,k-1}x(t-1)$$
$$(2.26)$$

におけるそれぞれの予測残差間の相関係数に等しい.

$$\phi(k) = \frac{E\left[(x(t) - \hat{x}(t))\left(x(t-k) - \hat{x}(t-k)\right)\right]}{\sqrt{(x(t) - \hat{x}(t))^2}\sqrt{(x(t-k) - \hat{x}(t-k))^2}}. \qquad (2.27)$$

Levinson–Durbin アルゴリズムは, 自己共分散関数の推定値 $\hat{\gamma}(k)$ を用いて, 偏相関係数を計算する手続きを p 次まで逐次実行し, AR パラメータを推定する.

Levinson–Durbin アルゴリズム

1. 初期値の推定

$$\phi(1) = \frac{\hat{\gamma}(1)}{\hat{\gamma}(0)}, \qquad \sigma_1^2 = \hat{\gamma}(0)\left(1 - \phi^2(1)\right).$$

2. 偏相関係数の推定

$$\phi(k+1) = \frac{\hat{\gamma}(k+1) - \sum_{i=1}^{k} c_{k,i}\hat{\gamma}(k-i+1)}{\sigma_k^2}.$$

3. 線形予測係数の推定

$$c_{k+1,i} = c_{k,i} - \phi(k+1)c_{k,k-i+1} \qquad (i = 1, \ldots, k).$$

4. 残差の推定

$$\sigma_{k+1}^2 = \sigma_k^2 \left(1 - \phi^2(k+1)\right).$$

この方法により，AR パラメータは $c_i = c_{p,i}$ $(i = 1, \ldots, p)$，$\sigma^2 = \sigma_p^2$ で与えられる．AR 過程では，$\xi(t)$ は分散 σ^2 の白色ノイズである．したがって，AR(p) 過程における $p+1$ 次の偏相関係数は，

$$
\begin{aligned}
\phi(p+1) &= \frac{E\left[\left(x(t) - \sum_{i=1}^{p} c_{p,i} x(t-i)\right) x(t-p-1)\right]}{\sigma_p^2} \\
&= \frac{E\left[\xi(t) x(t-p-1)\right]}{\sigma_p^2} \\
&= 0
\end{aligned}
\tag{2.28}
$$

である．$p+1$ 次以上の偏相関係数も同様にゼロとなる．これらの事実は，AR モデルの次数を推測するときに役に立つ．次数が非常に大きい AR 過程については，効率の良い近似法がある．次節以降では，これについて議論する．

2.4 移動平均（MA）モデル

第 2.1 節で示した非決定論的定常過程に関する式（2.3）の右辺を有限項で打ち切った過程を考えよう．

$$x(t) = \xi(t) - a_1 \xi(t-1) - \ldots - a_q \xi(t-q). \tag{2.29}$$

$\xi(t)$ は平均値がゼロ，分散が σ^2 の白色ノイズである．a_i は定数係数である．式（2.29）で表される過程を q 次**移動平均過程**（moving average process, MA process）という．MA(q) と表記される．白色ノイズ $\xi(t)$ は定常過程であるから，MA(q) 過程は定常である．時系列データから推定した MA パラメータ a_i，σ^2 で記述される時系列のダイナミックスを，MA(q) モデルと呼ぶ．定常性を保証するために各係数 a_i に課される条件はない．しかし，a_i には別の制限が加えられる．**MA 過程**の z 変換を考えよう．$x(t)$，$\xi(t)$ の z 変換を，それぞれ，$X(z)$，$N(z)$ とすると，

$$
\begin{aligned}
X(z) &= \left(1 - a_1 z - \ldots - a_q z^q\right) N(z) \\
&= A(z) N(z)
\end{aligned}
\tag{2.30}
$$

である．伝達関数の性質と AR 過程の安定性との関係を思い起こして，$1/A(z)$ の極を解析しよう．

$$\frac{X(z)}{A(z)} = N(z).$$

$1/A(z)$ が安定であるためには，$A(z) = 0$ の根は単位円の外側になければならない．この条件が満たされるとき，MA 過程は**可逆**（invertible）であるという．

可逆とは，入力を $x(t)$ 列としたときに，出力として定常な白色ノイズ列が生成されることを意味する．可逆な MA 過程では，$X(z)/A(z)$ を

$$(1 - c_1 z - c_2 z^2 - \ldots) X(z)$$

と書くことができる．したがって，MA(q) 過程は，

$$x(t) = \sum_{i=1}^{\infty} c_i x(t-i) + \xi(t)$$

で表される AR 過程と等価である．例えば，MA(1) 過程 $x(t) = \xi(t) - a_1 \xi(t-1)$，$|a_1| < 1$ は，AR 過程 $x(t) = \sum_{i=1}^{\infty} a_1^i x(t-i) + \xi(t)$ と書き直すことができる．これらの事実は，MA 過程が次数の高い AR 過程に対する効率の良い近似となり得ることを示唆している．式 (2.30) より，MA(q) 過程のパワースペクトル $W(f)$ は，

$$W(f) = \sigma^2 \left| 1 - \sum_{k=1}^{q} a_k \exp(-2\pi i k f) \right|^2 \tag{2.31}$$

となる．AR 過程のパワースペクトルは伝達関数の極に対応してピークを持つが，MA 過程のパワースペクトルは伝達関数のゼロ点に対応してスペクトルの谷（ピークの上下を逆にしたもの）を持つ．

MA 過程の自己共分散関数を求めてみよう．式 (2.29) の両辺に $x(t+\tau)$ をかけて，すべての実現値に関する期待値を取る．

$$\gamma(0) = \sigma^2 \left(1 + a_1^2 + \ldots + a_q^2 \right), \tag{2.32}$$

$$\gamma(\tau) = \begin{cases} \sigma^2 \left(-a_\tau + a_1 a_{\tau+1} + a_2 a_{\tau+2} + \ldots + a_{q-\tau} a_\tau \right) & (1 \leq \tau \leq q) \\ 0 & (\tau > q) \end{cases} \tag{2.33}$$

(2.33) の両辺を $\gamma(0)$ で割ると，自己相関関数が得られる．

$$\rho(\tau) = \frac{-a_\tau + a_1 a_{\tau+1} + \ldots + a_{q-\tau} a_q}{1 + a_1^2 + \ldots + a_q^2} \qquad (1 \leq \tau \leq q), \tag{2.34}$$

$$\rho(\tau) = 0 \qquad (\tau > q). \tag{2.35}$$

MA(q) 過程の自己相関関数と AR(q) 過程の偏相関係数は，ともに q より大きい時差でゼロになる．これは線形モデルの選択の際に役立つ事実である．

MA 過程の具体例を見てみよう．図 2.13 と図 2.14 は，それぞれ，$x(t) = \xi(t) - 0.5\xi(t-1) + 0.3\xi(t-2)$，$x(t) = \xi(t) + 0.5\xi(t-1) + 0.3\xi(t-2)$ で記述される MA(2) 過程による時系列である．MA 係数 a_1 の符号に応じて，平均値の周りでの振動の様子が異なることがわかるであろう．図 2.15 と図 2.16 は各 MA(2) 過程の自己相関関数，図 2.17 と図 2.18 は式 (2.31) によって求めたパワースペクトルである．変動の上下動の激しさを反映したパワースペクトル構造が見られる．

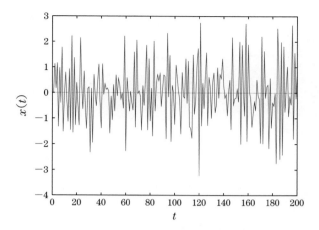

図 2.13　MA(2) 過程の例：$x(t) = \xi(t) - 0.5\xi(t-1) + 0.3\xi(t-2)$.

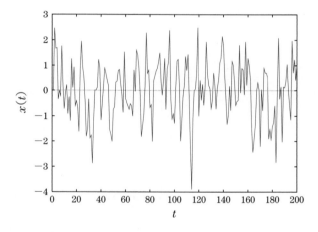

図 2.14　MA(2) 過程の例：$x(t) = \xi(t) + 0.5\xi(t-1) + 0.3\xi(t-2)$.

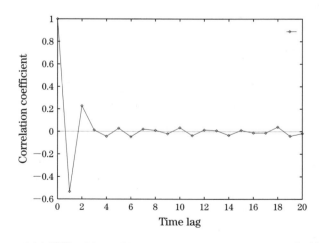

図 2.15　MA(2) 過程 $x(t) = \xi(t) - 0.5\xi(t-1) + 0.3\xi(t-2)$ の自己相関関数.

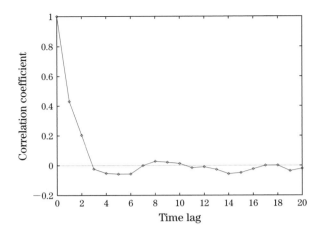

図 2.16 MA(2) 過程 $x(t) = \xi(t) + 0.5\xi(t-1) + 0.3\xi(t-2)$ の自己相関関数.

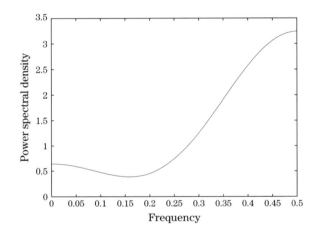

図 2.17 MA(2) 過程 $x(t) = \xi(t) - 0.5\xi(t-1) + 0.3\xi(t-2)$ のパワースペクトル.

2.5 MA パラメータの推定

MA パラメータを時系列から推定するために, 式 (2.32) 〜 式 (2.34) に自己共分散関数, 自己相関関数の推定値を代入して得られる関係式を利用する. MA(1) モデルを決定することは容易である. この場合,

$$\hat{\gamma}(0) = \sigma^2 \left(1 + a_1^2\right), \tag{2.36}$$

$$\hat{\rho}(1) = \frac{-a_1}{1 + a_1^2} \tag{2.37}$$

が成り立つ. したがって, a_1 に関する 2 次方程式

$$a_1^2 + \frac{a_1}{\hat{\rho}(1)} + 1 = 0$$

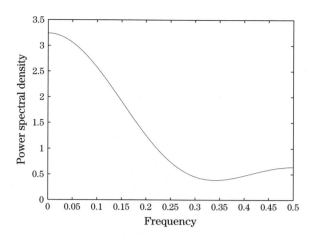

図 2.18 MA(2) 過程 $x(t) = \xi(t) + 0.5\xi(t-1) + 0.3\xi(t-2)$ のパワースペクトル.

の根

$$a_1 = \frac{-1 \pm \sqrt{1 - 4\hat{\rho}^2(1)}}{2\hat{\rho}(1)}$$

のうち,MA 過程の可逆条件 $|\,a_1\,| < 1$ を満たす値が a_1 の推定値となる.σ^2 は式(2.36)から求められる.

2 次以上の MA パラメータを時系列から数値的に求める手続きは,式(2.33)あるいは式(2.34)が非線形連立方程式を構成するので,少し面倒である.実際,MA(2) モデルのパラメータを決定するためには,

$$\hat{\gamma}(0) = \sigma^2 \left(1 + a_1^2 + a_2^2\right),$$

$$\hat{\rho}(1) = \frac{-a_1 + a_1 a_2}{1 + a_1^2 + a_2^2}, \qquad \hat{\rho}(2) = \frac{-a_2}{1 + a_1^2 + a_2^2}$$

を解かなくてはならない.3 次以上の MA モデルでは,連立方程式はもっと複雑になる.

可逆 MA(q) モデルのパラメータを推定する方法として,自己共分散行列の **Cholesky(コレスキー)分解**(Cholesky decomposition)によるアルゴリズムが開発されている.この計算方法を証明抜きで紹介しよう.詳細は,文献 [15], [154], [165], [173] を参照されたい.自己共分散行列 $\mathbf{\Gamma}_N$ は,$\gamma(-\tau) = \gamma(\tau)$ を考慮すると,$N \times N$ 正定値対称 Toeplitz(テープリッツ)行列である.この場合,LU 分解に似た三角分解の一種である Cholesky 分解が可能である.

$$\mathbf{\Gamma}_N = \boldsymbol{L}_N \boldsymbol{D}_N \boldsymbol{L}_N^T.$$

$\boldsymbol{L}_N$ は対角要素がすべて 1 の下三角行列,$\boldsymbol{D}_N$ は対角行列,$\boldsymbol{L}_N^T$ は転置行列である.

$$
\boldsymbol{D}_N = \begin{pmatrix} \sigma_0^2 & 0 & \dots & 0 \\ 0 & \sigma_1^2 & \dots & 0 \\ \vdots & \vdots & \ddots & \vdots \\ 0 & \dots & \dots & \sigma_{N-1}^2 \end{pmatrix}
$$

とおく．MA(q) 過程の自己共分散関数が式 (2.32)，(2.33) のように表される
ことを考慮すると，$\boldsymbol{\Gamma}_N$ ($N > q$) の第 n 行（行番号は 0 から始まる）は，

$$
(\underbrace{0,\dots,0}_{n-q-1}, -a_{n-1,q}, \dots, -a_{n-1,1}, \underbrace{0,\dots,0}_{N-q})
$$

と表される．$N \to \infty$ の極限では，

$$
\lim_{N \to \infty} \sigma_{N-1}^2 = \sigma^2, \tag{2.38}
$$

$$
\lim_{N \to \infty} a_{N-1,i} = a_i \qquad (i = 1, \dots, q) \tag{2.39}
$$

が成り立つことが知られている．したがって，$\boldsymbol{L}_N$ ($N > q$) を効率良く見つけ
ることができれば，MA パラメータを計算することができる．これは Rissanen
（リッサネン）によって導かれた実用的な高速アルゴリズムを用いて実行できる．
これも証明抜きで要点のみ示す [15]．$\boldsymbol{\Gamma}_N$ の Cholesky 分解における因数 $\boldsymbol{L}_N$ は，
下三角行列 $\boldsymbol{S}_N$ によって

$$
\boldsymbol{L}_N = \boldsymbol{S}_N \boldsymbol{D}_N^{-1}
$$

のように因数分解できる．ただし，

$$
\boldsymbol{D}_N^{-1} = \begin{pmatrix} \sigma_0^{-2} & 0 & \dots & 0 \\ 0 & \sigma_1^{-2} & \dots & 0 \\ \vdots & \vdots & \ddots & \vdots \\ 0 & \dots & \dots & \sigma_{N-1}^{-2} \end{pmatrix}
$$

である．$\boldsymbol{S}_N = (s_{i,j})$ は，以下に示すアルゴリズムと自己共分散関数の推定値
を用いて計算できる．

1. 初期値の設定

$$
s_{k,1} = \hat{\gamma}(k-1) \qquad (k = 1, \dots, N), \tag{2.40}
$$

$$
r_{k,1} = \hat{\gamma}(k) \qquad (k = 1, \dots, N). \tag{2.41}
$$

2. 反復計算過程

$$
k = 1, \dots, N-1
$$

$$
\phi(k) = \frac{r_{k,k}}{s_{k,k}}. \tag{2.42}
$$

$$
i = 1, \dots, k
$$

$$
s_{k+1,i+1} = s_{k,i} - \phi(i) r_{k,i}, \tag{2.43}
$$

$$
r_{k+1,i+1} = r_{k+1,i} - \phi(i) s_{k+1,i}. \tag{2.44}
$$

このアルゴリズムは，偏相関係数 $\phi(k)$ も計算できるので便利である．

2.6　自己回帰移動平均（ARMA）モデル

AR 過程と MA 過程が混合した定常過程を**自己回帰移動平均**（autoregressive moving average process, ARMA process）と呼び，

$$x(t) = \sum_{i=1}^{p} c_i x(t-i) + \xi(t) - \sum_{j=1}^{q} a_j \xi(t-j) \qquad (2.45)$$

と書く（"アーマ過程" と読まれることが多い）．式（2.45）は AR(p) 過程と MA(q) 過程の混合であるから，ARMA(p, q) と表記される．$\xi(t)$ は，平均がゼロ，分散が σ^2 の白色ノイズである．時系列データから AR パラメータと MA パラメータを推定すると，ARMA モデルが得られる．MA 過程を含むから，**ARMA 過程**は次数が無限の AR 過程と等価である．したがって，ARMA 過程は，次数が高い AR 過程を近似するのに利用される．式（2.45）を z 変換しよう．$x(t)$ と $\xi(t)$ の z 変換を $X(z)$，$N(z)$ とすると，

$$(1 - c_1 z - \ldots - c_p z^p) X(z) = (1 - a_1 z - \ldots - a_q z^q) N(z)$$
$$(2.46)$$

となるから，伝達関数 $H(z)$ は

$$H(z) = \frac{1 - a_1 z - \ldots - a_q z^q}{1 - c_1 z - \ldots - c_p z^p} \qquad (2.47)$$

である．したがって，ARMA 過程のパワースペクトル $W(f)$ は

$$W(f) = \frac{\sigma^2 \left| 1 - \sum_{k=1}^{q} a_k \exp(-2\pi i k f) \right|^2}{\left| 1 - \sum_{k=1}^{p} c_k \exp(-2\pi i k f) \right|^2} \qquad (2.48)$$

と表される．

時系列データから ARMA パラメータを決定する手続きは，かなり面倒である．MA(q) 過程は $x(t-i)$，$i > q$ とは無相関であるから，$i = q+1, \ldots, q+p$ について ARMA 過程の自己共分散関数を求めると，

$$\gamma(q+1) = c_1 \gamma(q) + c_2 \gamma(q-1) + \ldots + c_p \gamma(q-p+1),$$
$$\gamma(q+2) = c_1 \gamma(q+1) + c_2 \gamma(q) + \ldots + c_p \gamma(q-p+2),$$
$$\vdots \qquad\qquad (2.49)$$
$$\gamma(q+p) = c_1 \gamma(q+p-1) + c_2 \gamma(q+p-2) + \ldots + c_p \gamma(q)$$

のように，q 次から始まる Yule–Walker 方程式が得られる．これは，式（2.18）と異なり，非対称な自己共分散行列による連立方程式である．次数 p が低い場

合には，この連立方程式を解くのは容易である．p が大きい場合の解法については，文献 [165] を参照されたい．時系列データから推定された自己共分散関数を式（2.49）に代入すると，AR パラメータが得られる．これらのパラメータによって表される AR 過程を

$$y(t) = x(t) - c_1 x(t-1) - \ldots - c_p x(t-p)$$

とおくと，ARMA モデルは

$$y(t) = \xi(t) - a_1 \xi(t-1) - \ldots - a_q \xi(t-q)$$

と書き直すことができる．$y(t)$ を新たな確率変数と見ると，これは $y(t)$ に関する MA(q) 過程である．この MA 過程について前節で述べた MA パラメータ推定法を適用すれば MA パラメータが得られる．こうして，ARMA モデルの各パラメータが決定される．

ARMA 過程の具体例を見るために，

$$x(t) = 0.5x(t-1) - 0.3x(t-2) + \xi(t) + 0.5\xi(t-1) - 0.3\xi(t-2)$$

で与えられる ARMA(2, 2) 過程を合成した．図 2.19 に時系列データを示す．図 2.20 は自己相関関数，図 2.21 は式（2.48）から推定したパワースペクトルである．ARMA 過程のスペクトルには，AR 過程よりも鋭いピークが現れるという特徴がある．

2.7　自己回帰積分移動平均（ARIMA）モデル

前節までは，定常確率過程を表現する線形予測モデルについて論じてきた．この節では，あるクラスの非定常確率過程を扱うための線形予測モデルについ

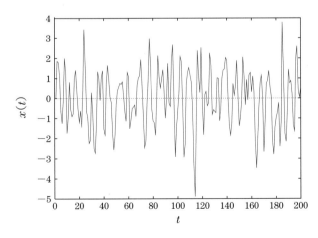

図 2.19　ARMA(2, 2) 過程の例.

て議論しよう．非定常な挙動の例としては，平均に対応するレベルが不定な期間ごとに変動するように見えるもの，上昇や下降の傾向が持続するもの，あるいは，季節ごとに，即ち，周期的にある傾向を繰り返すものが挙げられる．ここでは，周期的変動を伴う非定常過程は対象から除外し，小刻みな変動に"均一さ（homogeneity）"が見られ，レベルが変動したり，上昇，下降のトレンドが持続するような非定常過程を対象とする．

　レベルの変動や上昇，下降のトレンドは，時系列を構成する観測値間の階差（difference）を取ることによって解消できる．例えば，1 階の階差は $x(t) - x(t-1)$ である．2 階の階差は $x(t) - x(t-1)$ に関する 1 階の階差 $x(t) - x(t-1) - [x(t-1) - x(t-2)]$ である．3 階の階差は 2 階の階差に関する 1 階の階差等々．そこで，1 階の階差を取る演算 $D[\cdot]$ を導入しよう．

$$D[x(t)] = x(t) - x(t-1).$$

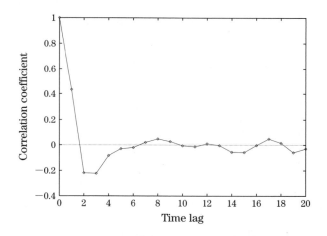

図 2.20　ARMA$(2,2)$ 過程の自己相関関数．

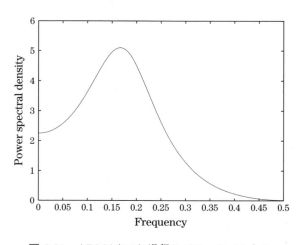

図 2.21　ARMA$(2,2)$ 過程のパワースペクトル．

r 階の階差を取る演算は

$$D^r\left[x(t)\right] = \underbrace{D \ldots D}_{r}\left[x(t)\right]$$

のように書くことができる．$D^r[x(t)]$ によって生成される過程が ARMA(p,q) 過程になるとき，この過程を**自己回帰積分移動平均過程**（autoregressive integrated moving average process, ARIMA process）という（"アリーマ過程" と読まれることが多い）[49]．

$$z(t) = D^r\left[x(t)\right], \tag{2.50}$$

$$z(t) = \sum_{i=i}^{p} c_i z(t-i) + \xi(t) - \sum_{j=1}^{q} a_j \xi(t-j). \tag{2.51}$$

式（2.51）は ARIMA(p,q,r) のように表記される．$r = 0$ の場合は階差を取らないと解釈すると，AR，MA，ARMA 過程は，**ARIMA 過程**の特別なクラスと見做される．ARIMA 過程は Box（ボックス）と Jenkins（ジェンキンス）によって導入されたモデルである．その詳細については文献 [49] を参照されたい．時系列から ARIMA パラメータを推定する方法は，階差 r の決定を除くと，ARMA パラメータの推定方法と同じである．適切な階差は，時系列の階差を次々と取り，各階差において自己相関関数が時差とともに速やかに無相関に近くなるかどうか見ることによって推測することができる．

　ARIMA 過程の具体例を見てみよう．ARIMA($0,1,1$) 過程を

$$D\left[x(t)\right] = \xi(t) - 0.5\xi(t-1)$$

によって合成する．図 2.22 は時系列の一部である．この時系列の最初の 200 点を拡大したものが図 2.23 である．自己相関関数を図 2.24 に示す．第 2.2 節で

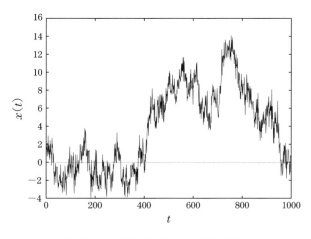

図 2.22　ARIMA($0,1,1$) 過程の例．

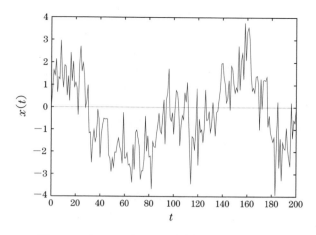

図 2.23　ARIMA$(0, 1, 1)$ 過程の最初の 200 点.

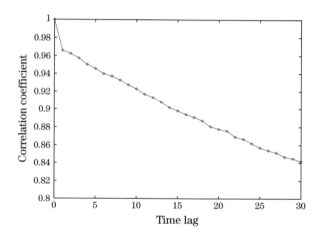

図 2.24　ARIMA$(0, 1, 1)$ 過程の自己相関関数.

例示したユニットルート過程 $x(t) = 0.99x(t) + \xi(t)$ が実際の観測データとして現れたならば，ARIMA$(0, 0, 1)$ 過程として同定されやすいであろう.

2.8　線形予測モデルの決定

　AR モデル，MA モデル，ARMA モデル，および，それらを特別なクラスとして包含する ARIMA モデルは，次数 p, q, r が予めわかっていれば，前節までに述べたアルゴリズムを利用して，時系列データからモデルパラメータを計算できる．しかしながら，実際の時系列解析では，モデルの次数が既知であることは稀である．また，パワースペクトルにいくつピークがあるか等のスペクトル構造に関する情報が利用できるとは限らない．時系列データからモデルを選択し，モデルの次数を決定しなければならない．この節では，この問題について考えてみよう．

AR モデルと MA モデルの次数については，自己相関関数と偏相関係数の双対性（duality）に基づいてある程度の見通しを得ることができる．

1. AR(p) 過程の自己相関関数は，時差の増加に対して長い尾を引き，緩やかにゼロに近づく．しかし，偏相関係数は，時差 p を越えるとゼロになる．

2. MA(q) 過程の自己相関関数は，時差 q を越えるとゼロになる．しかし，MA 過程が無限次数の AR 過程と等価であることを反映して，偏相関係数は，時差の増加に対して長い尾を引き，緩やかにゼロに近づく．

観測された時系列が ARIMA モデルで記述できそうかどうか調べるには，時系列の階差を取ってみるとよい．例えば，第 1 章の図 1.1 に示した時系列について 1 階の階差を取ると，図 2.25 のような時系列が得られる．階差時系列は定常過程であるように見える．自己相関関数の推定結果を図 2.26 に示す．階差時

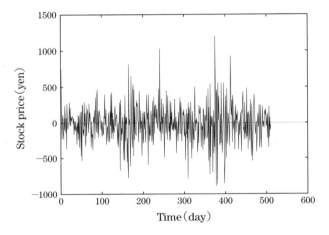

図 2.25　平均株価時系列の 1 階の階差.

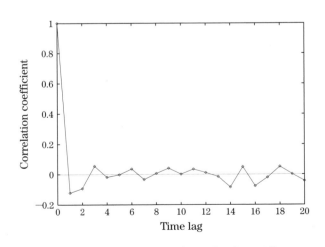

図 2.26　平均株価階差時系列の自己相関関数.

系列の自己相関関数は，MA 過程あるいは ARMA 過程のような特徴を持っている．

パラメータの推定が容易な AR モデルは，非常に便利な線形予測モデルである．その次数とパラメータを同時に手際良く推定するアルゴリズムとして，**最終予測誤差**（final prediction error, FPE）を利用する方法が開発されている[38]．第 2.3 節で見たように，Yule–Walker 方程式から求めた AR モデルの線形係数は，線形予測子の平均 2 乗予測誤差を最小にする線形係数である．今，次数 p における最良近似としての真の AR パラメータとその推定値を，それぞれ，c_i，σ^2，$\hat{c}_i$，$\hat{\sigma}^2$，$i = 1, \ldots, p$ としよう．

$$\hat{\sigma}^2 = \hat{\gamma}(0) - \sum_{i=1}^{p} \hat{c}_i \hat{\gamma}(i), \tag{2.52}$$

$$\sigma^2 = \gamma(0) - \sum_{i=1}^{p} c_i \gamma(i). \tag{2.53}$$

ここで，$\hat{c}_i$ を得るのに用いた時系列データ $\{x(t)\}_{t=0}^{N-1}$ と同じダイナミックスによって独立に生成された別の実現結果 $\{y(t)\}$ を考えよう．$\{y(t)\}$ に関する期待値としての平均 2 乗予測誤差を ϵ とおく．

$$\epsilon = E\left[(y(t) - \hat{y}(t))^2 \right], \tag{2.54}$$

$$\hat{y}(t) = \sum_{i=1}^{p} \hat{c}_i y(t - i). \tag{2.55}$$

$\hat{c}_i$ の分布，即ち，$\{x(t)\}_{t=0}^{N-1}$ の実現結果に関する ϵ の期待値は

$$E[\epsilon] = \sigma^2 \left(1 + \frac{p}{N} \right) \tag{2.56}$$

となることが知られている[14], [15]．$\hat{c}_i$ を用いた線形予測は，最良線形予測子による予測よりも，誤差が p/N の割合だけ増加する．次数 p が高いと，モデルの"複雑さ"が増して近似能力が上がるので，σ^2 は減少するであろうが，パラメータの推定が難しくなるので，誤差が p/N の割合だけ増える．一方，$\hat{c}_i$ の分布に関する $\hat{\sigma}^2$ の期待値は

$$E\left[\hat{\sigma}^2 \right] = \sigma^2 \left(1 - \frac{p}{N} \right) \tag{2.57}$$

と表されることが知られている[14]．これは，データ数 N が同じならば，次数 p が高いほど近似モデルの overfitting（第 4.4 節参照）が起こりやすいことを意味する．

$\{x(t)\}_{t=0}^{N-1}$ から推定される AR パラメータとして最も妥当なものは，予測誤差に相当する $\hat{\sigma}^2$ と $E[\epsilon]$ が小さく，同時に，overfitting が少ないモデルである．そこで，FPE として次式で定義される量を考える．

$$FPE(p) = \hat{\sigma}^2 \frac{1 + p/N}{1 - p/N}. \tag{2.58}$$

p を 1 から順に増やして $FPE(p)$ を計算し，$FPE(p)$ が最小となる p を AR モデルの最適な次数として採用する．

AR モデルだけでなく，MA モデルや ARMA モデルの次数の推定にも利用できるのが，**赤池情報量基準**（Akaike information criterion, AIC）に基づくアルゴリズムである [14], [15], [39]．このアルゴリズムでは，データから推定された予測モデルによる予測値の分布が，同じ次数の最良予測モデルによる予測値の分布にどの程度近いか評価して，最適な次数を決定する．もし，両者の分布が一致すれば，推定されたモデルは最良近似モデルである．詳細は省略して，結果だけを示そう．N 個の観測点からなる時系列 $\{x(t)\}_{t=0}^{N-1}$ から推定される ARMA(p, q) モデルの AIC は，予測誤差を $\hat{\sigma}^2$ で表すと，

$$AIC(p, q) = N \log \hat{\sigma}^2 + 2(p + q + 1) \tag{2.59}$$

で与えられる．データ数が一定ならば，次数 p, q が大きいほど，モデルの近似能力が上がるが，モデルが複雑になってパラメータの推定が難しくなるだろう．式（2.59）は，予測誤差の減少とパラメータ数の増加との兼ね合いで，それらの和が最小になる次数が最適なモデルを与えることを意味する．AIC を最小にする ARMA(p, q) モデルが，時系列 $\{x(t)\}_{t=0}^{N-1}$ に対する最適な線形予測モデルである．

AR(p) モデルの AIC は，式（2.59）で $q = 0$ と置いたものに等しい．

$$AIC(p) = N \log \hat{\sigma}^2 + 2(p + 1).$$

$N \gg p$ のとき，AR(p) モデルの FPE の対数を取ると，

$$\log FPE(p) \approx \log \hat{\sigma}^2 + \frac{2p}{N}$$

が成り立つ．したがって，

$$AIC(p) \approx N \log FPE(p)$$

である．これは，AR(p) モデルの次数決定に関しては，FPE と AIC のいずれに基づくアルゴリズムを用いても，等価な結果が得られることを示唆している．

AIC は，データから推定されるパラメータによって記述される一般の統計予測モデルについて，

$$AIC = -2 \times (\text{maximum logarithmic likelihood})$$
$$+ 2 \times (\text{number of parameters}) \tag{2.60}$$

のように定義されるので，線形予測モデル以外の広範な予測モデルの決定にも利用できる．詳細については文献 [14] を参照されたい．

第1章とこの章で概観した様々な統計解析，時系列解析を能率良く実行するための便利で強力なソフトウェアツールが，S言語という名で米国のAT&T Bell研究所によって開発され，パッケージソフトウェアとして市販されている[60],[216]．最近のS言語は，本書で議論した解析法以外にも，多くの有用な統計解析法が実行できるように改良されている．時系列解析の実務に役立つツールとして推奨できる．

　線形予測モデルは，不規則な時系列のダイナミックスを再現するための強力な近似手法である．モデルを記述するパラメータは，時系列データから推定される自己共分散関数あるいは自己相関関数を通して，比較的容易に決定することができる．しかしながら，カオスと呼ばれる不規則な定常時系列に対しては，線形予測モデルはよく機能するとは言えない．カオス過程は強い相互作用，即ち，非線形ダイナミックスから生じる動的挙動である．カオス時系列を構成する観測点間の関係は，線形相関で捉えられない．したがって，自己相関関数あるいはそれと等価な情報を表現するパワースペクトルは，カオス過程の特徴を的確に表現できない．カオス的挙動は様々な実在系で存在することが明らかにされつつある．カオス時系列に対処するには，新しい概念と数理技術が必要となる．次章以降では，この問題について考えることにしよう．

第 3 章
カオスと時系列

　この章と次の章では，非線形ダイナミックスが生み出す動的挙動，特に，カオス的挙動の時系列解析について学ぶ．線形予測モデルで再現される定常過程の特徴は，自己共分散関数あるいはパワースペクトルによって捉えられる．一方，カオス過程の特徴は，これらの統計量で的確に表現されない．カオスの特徴を捉えるには，次元と Lyapunov（リアプノフ）指数という新しい概念が必要となる．この章では，時系列データから次元と Lyapunov 指数を推定し，時系列のカオス性を実証する数理手法について概観する．こうして得られる知見は，次章で述べる非線形予測モデルを構築する際の重要な情報となる．

3.1　はじめに

　非決定論的な定常過程は，過去の挙動から受ける影響が，時間を遡るにつれてどんどん薄れていくような過程である．このような過程は，実在する様々なシステムにおいて，不規則で乱雑な時系列データとして観測される．前章で紹介した線形予測モデルは，そのような時系列のダイナミックスを近似する一つの有用な手法である．ところで，何故，時間の経過とともに過去の影響が薄れていくのだろうか．線形予測モデルでは，その起源は問われない．データから推定される分散で特徴付けられる白色ノイズが因果的影響の薄れていく様子を再現するだけである．しかし，すべての変化は因果的であるべきだという立場からは，非決定論的過程は，観測過程において存在する技術的困難から生じる情報の欠如を反映していると考えたくなる．例えば，非常に多数の変数を含むシステムの状態を知りたいとしても，各変数の値を同時に測定することは技術的に不可能かも知れない．あるいは，システム外部からの摂動やノイズを除去できないかも知れない．このような場合には，システムに関する正確な情報を集めることができない．その結果，観測された時系列が不規則で，非決定論的に見えるのかも知れない．しかし，同時測定が可能な少数の変数で記述される

システムであって，しかも，外部からの摂動がいくらでも小さくできるにもかかわらず，ダイナミックスに固有の性質によって，過去の状態をどんどん忘れていくようなシステムがあるとしたらどうだろうか．動的挙動を記述する方程式に白色ノイズのような確率変数は含まれず，完全に決定論的な時間発展であるにもかかわらず，自ら情報を失っていく過程が実在する．これは**決定論的カオス**（deterministic chaos）と呼ばれる．単に**カオス**と呼んだり，変数が少ないことを強調して**低次元カオス**（low-dimensional chaos）ということもある．ただし，上に述べた考え方には批判がある．外部からの摂動はシステムの挙動を考える上で本質的ではない余計な付属物であるかのように安易に考えてはならない．この点については，第 3.3 節で概観する上田のカオス理論（Ueda' theory of chaos, Yoshisuke Ueda）に関連して考察する．

　カオスは，現実にしばしば現れる不規則で乱雑な挙動を簡潔に理解するチャンスを与えるのかも知れない．この章では，カオスの特徴を捉えるための数理手法について論じよう．

3.2　カオスの特徴

　時間発展が Q 個の変数で記述されるシステムを考えよう．これを Q 自由度のシステムという．時間について連続的に変化するシステムの状態は，Q 次元のベクトル変数

$$\boldsymbol{u}(t) = (u_1(t), u_2(t), \ldots, u_Q(t))$$

によって表現される．システムのダイナミックスを

$$\boldsymbol{G} = (G_1, \ldots, G_Q)$$

と書くと，時間発展の様子は

$$\frac{du_i(t)}{dt} = G_i\left[u_1(t), \ldots, u_Q(t)\right] \qquad (i = 1, \ldots, Q) \qquad (3.1)$$

のような連立常微分方程式によって決まる．これは

$$\frac{d\boldsymbol{u}(t)}{dt} = \boldsymbol{G}\left[\boldsymbol{u}(t)\right] \qquad (3.2)$$

と書くこともできる．初期時刻 t_0 からサンプリング時間 Δt ごとに $\boldsymbol{u}(t)$ を観測して得られる時系列を $\{\boldsymbol{u}(n)\} = \{\boldsymbol{u}(t_0 + n\Delta t)\}$ と表す．時間発展を離散時間で表現しよう．

$$\boldsymbol{u}(n+1) = \boldsymbol{F}\left[\boldsymbol{u}(n)\right]. \qquad (3.3)$$

式（3.2）の左辺は

$$\frac{d\boldsymbol{u}(t)}{dt} = \lim_{\Delta t \to 0} \frac{\boldsymbol{u}\left(t_0 + (n+1)\Delta t\right) - \boldsymbol{u}\left(t_0 + n\Delta t\right)}{\Delta t} \qquad (3.4)$$

であるから，

$$F\left[u(n)\right] \approx u(n) + G\left[u(n)\right]\Delta t \tag{3.5}$$

によって連続時間のダイナミックスと離散時間のダイナミックスの対応が得られる．式（3.2）には空間座標は含まれていない．一般の物理的システムの状態は空間座標を含む．その場合には，d 次元の空間座標 $r = (r_1, \ldots, r_d)$ を導入し，

$$\frac{\partial u(r, t)}{\partial t} = G\left[u(r, t)\right] \tag{3.6}$$

のような連立偏微分方程式によって状態の時空間変動を記述できる．これを離散的な表現に変えるには，空間座標のサンプリング点を決め，各サンプリング点において偏微分方程式を常微分方程式に書きかえ，更に各常微分方程式を離散時間の表現に書き直せばよい．本書では，時空間におけるカオス的変動パターンは扱わない．したがって，対象となるカオス時系列は，固定された空間座標における時系列か，あるいは，空間座標に依存しない時系列である．

　カオスについて重要なことが二つある．少数自由度と非線形性である．カオスダイナミックスの自由度 Q は有限値である．ダイナミックス F, G は連続で滑らかな非線形関数である．システムの状態は構成要素間の強い相互作用によって変化する．したがって，各変数の時間変化の特徴は，線形相関で適切に表現されない．つまり，カオス時系列の特徴は，自己相関関数あるいはそれと等価な情報を与えるパワースペクトルで的確に捉えることができない．カオス過程は線形予測モデルで再現されない．ダイナミックスの非線形性は驚異的な現象を引き起こす．システムの初期状態をある状態にセットしたとしよう．これを，$u(0)$ と書く．同じシステムの初期状態を，$u(0)$ と無限小だけ異なる状態 $u(0) + \epsilon$ にセットする．両者の違いは無限小であるが，時間が経過するにつれてその差異は指数関数的に増大し，システムはまったく別の状態へと発展する．実在するシステムの初期状態は，技術的制約から，ある限界性能以上の精度を越えて設定することができない．カオス的でないシステムでは，初期状態の僅かな差は，その後の時間発展に大きな影響を及ぼさないので，同じ初期条件から実質的に同じ動的挙動が発生する．ところが，カオスシステムでは，初期状態の設定時における無限小の差が見る見る増大して，有限の大きさにまで成長する．同じ初期条件から異なる挙動が現れるように見えるので，将来の挙動を予測することができない．カオスシステムは初期条件に関する情報を自ら失うような過程であると言える．このような性質を，**初期条件に対する鋭敏性**（sensitive dependence on initial conditions）あるいは**予測不可能性**（unpredictability）という．システムの挙動は状態空間内の軌道で表される．この場合，初期時刻に無限小の距離しか離れていない 2 本の軌道は，時間が経つにつれてどんどん離れて行くだろう．この様子を**軌道不安定性**（orbital instability）と表現することがある．軌道間距離の増加速度を表す量が，**Lyapunov**（リアプノフ）指

数（Lyapunov exponents）である．したがって，カオスシステムでは，状態空間における周期的軌道はすべて不安定になる．これが不規則で乱雑な挙動の源泉である．しかし，軌道が不安定だからと言って，状態空間において無限の彼方まで軌道が飛び去るわけではない．どのような初期条件から始めても，時間が十分に経過すると，軌道は状態空間のある有界閉領域に閉じ込められる．その領域を**アトラクター**（attractor）と呼ぶ．カオス軌道は，アトラクター上の任意の点にいくらでも近づくことができる．カオス軌道は，アトラクター上を不規則に揺らぎながら漂い，アトラクターをすき間なく埋め尽くすだろう．一定の時間間隔ごとにこの軌道を観測すると，サンプリング時間の間の情報損失のために，時系列の実現値はある確率のもとでしか予測できなくなる．こうして，カオス過程は，十分に長いサンプリング間隔で観測すると，決定論的ダイナミックスによって生成されるにもかかわらず，定常確率過程として扱うことができる．しかしながら，白色ノイズとは異なる重要な特徴がある．僅かな誤差がそれほど大きく成長しない短い時間間隔でカオス的挙動を観測すると，ある予測誤差は免れないという限定条件付きで，ある程度の予測可能性が残存している．これをカオスの**短期予測可能性**（short-term predictability）と呼ぶ．Lyapunov 指数は，予測可能性が時間とともにどのくらいの速さで崩壊するか定量的に示す指標と見なすこともできる．"短い時間間隔" が応用上何かを行なうのに十分な長さで，かつ，予測誤差が許容範囲内であるならば，カオスシステムの近未来値そのものを予測することによって実用的に有意義な何かを実行する可能性が生じる．

　カオスの奇妙な性質は，システムの自由度を表す**次元**（dimension）にも現れる．我々が日常扱うシステムは，エネルギーや情報がシステムの外部に流れ出し，保存されないような**散逸系**（dissipative system）である．次元の定義にはいくつかのバリエーションがあるが，いずれも，アトラクターの幾何学的性質を表している．散逸系のアトラクターは，エネルギー散逸の速さに応じて，その体積がどんどん小さくなる．しかし，その幾何学的性質は実に奇妙である．1.26 ... や 2.06 ... というように，次元が非整数になる．これはアトラクターが**フラクタル性**（fractal）を持つことと関係がある．状態空間内の軌道は，どの点においても互いに交差してはならない．もし，交差すると，交差点を初期値として，その後の軌道の発展方向が 2 通りあって定まらない．つまり，因果性が破れる．アトラクターがフラクタル構造，即ち，自己相似性を持つようになると，周期性がまったく見られない不規則な軌道を，互いに交差することなく有界領域に閉じ込めることができる．フラクタルに関する詳しい議論は文献 [20], [186] を参照されたい．

　Lyapunov 指数と次元は，自己共分散関数，自己相関関数，パワースペクトルに代わって，カオスの特徴を捉える重要な概念である．Lyapunov 指数と次元を時系列データから推定することは，時系列のカオス性を検証するために必要であ

るだけでなく，カオス過程の短期予測モデルを適切に構築するためにも重要である．この章以降は，カオス過程はエルゴード的であると仮定する．次節では，カオスに慣れ親しむためにも，カオスの簡単な事例を紹介しよう．その後に続く節で，カオスの特徴を時系列データから推定する解析方法を導入する．カオスの数理に関する厳密な議論については，文献 [3], [5], [9], [33], [41], [64], [104], [199], [224] を参照されたい．

3.3 上田のカオス理論

上田睆亮（Yoshisuke Ueda）らは，強制 Duffing 振動子および強制 van der Pol 振動子の動的挙動を電子回路上で再現する実験を通して，強制非線形振動子が実際にカオス的挙動を示すことを発見した [10], [11], [209], [210]．上田らの研究は，非線形自律系のカオスを発見した Lorenz による研究 [126] に先行するものである．上田らは，以下に示す 2 階非線形常微分方程式（強制 Duffing 振動子）の解の性質を，Poincaré と Birkhoff によって発展させられた力学系理論を駆使して考察した．

$$\frac{dx}{dt} = y, \tag{3.7}$$

$$\frac{dy}{dt} = -ky - x^3 + A\cos t + A_0. \tag{3.8}$$

k, A, A_0 は分岐パラメータとしての係数である．この節では，上田らによる研究成果のうち，次節以降で示す時系列解析手法を理解する上で重要と考えられる事項の要点のみを記す．詳細は [10], [11] を参照されたい．

上田らは，式 (3.7) および式 (3.8) の数値解 $x(t)$, $y(t)$ を時間周期 2π ごとに $x-y$ 平面上でプロットして得られる力学系のストロボ写像に基づいて強制 Duffing 振動子の挙動を考察した結果，アトラクター内に無限個のホモクリニック（homoclinic）点と呼ばれる不安定不動点が存在し，各ホモクリニック点が非加算無限個の不安定周期点の集積点であることを指摘している．即ち，アトラクター内には非加算無限個の不安定周期軌道が稠密に存在し，かつ，それらの周期軌道には実用的に同定可能な範囲を超えた非常に長い周期を持つものがあるというのである．

実在するカオス系の動的挙動を観測すると，測定装置からの作用がカオス系に及ぶ．測定装置はカオス系からの反作用を利用して動的挙動を観測する．測定装置からの作用は，カオス系から見ると，一定の強度を持つ外乱あるいは摂動である．観測の度にカオス系に加えられる摂動は，カオス系に外部から作用する確率過程と見なされる．カオス系のダイナミックスを表現する常微分方程式をデジタル計算機上で数値積分して近似解を得る場合には，メモリーの有限ビット幅に伴う丸め誤差（round-off error），計算機のアーキテクチュアに依

存する計算誤差（machine ϵ），あるいは，計算アルゴリズムに付随する計算誤差が，カオス系に作用する外部ノイズであり，確率過程と見なされる．

　これらの外部ノイズは，アトラクター内において絶えまない遷移過程を引き起こす．カオス系の状態をアトラクター内の状態点によって表現することにしよう．今，状態点が不安定周期軌道上にあるとする．状態点に外部ノイズが加わると，ダイナミックスの不安定性のために，状態点は，近傍にある別の不安定周期軌道に遷移する．外部ノイズは確率過程であるから，遷移する先の不安定周期軌道を確定することはできない．このような状況は，外部ノイズの強度をどれほど小さくしても，ダイナミックスの不安定性のために不可避である．こうして，状態点は不安定周軌道間を不規則に遷移し続ける．このような動的挙動を上田は**不規則遷移振動**（randomly transitional oscillations）と呼び，カオス系において実際に観測される不規則で不確定な挙動，即ち，カオス現象は不規則遷移振動を見たものであろうと推測した．ここで，カオス系のダイナミックスの厳密解，例えば，式（3.7）および式（3.8）の厳密解を，それぞれ，$\xi(t)$，$\eta(t)$としよう．$\xi(t)$，$\eta(t)$ を時間 t の推移とともに追跡したものを，状態点の軌道，即ち，カオス解曲線，あるいは，カオス軌道を呼ぶことにする．不規則遷移振動の下では，状態点が描く軌道は，連続的な決定論的な軌道（$\xi(t)$，$\eta(t)$）ではなく，確率過程に介入され区分的に決定論的な不連続軌道によって表される．カオス系のダイナミックスが（完全に決定論的な）カオス解曲線を持つとしても，外部ノイズの介入のために，カオス軌道を時系列として観測することは不可能であると考えざるを得ない．

　不規則遷移振動論は，強制 Duffing 振動子の動的挙動を説明するのみならず，観測されたカオス的挙動の由来を説明する普遍的な（universal）理論である可能性がある．そうであるならば，不規則遷移振動論は，カオス解曲線，即ち，カオス軌道の**物理的実在性**（physical reality）に対して疑義を生じさせる．物理的実在はどう定義されるのであろうか．Einstein, Podolsky, および，Rosen は量子系における 2 粒子の量子もつれ（エンタングルメント，entanglement）を論じた歴史的論文の中で物理的実在性を規定する基準について述べている[70]．Einstein らは，物理的実在性を定義することはできないが，以下のような基準に基づいて物理的実在性を考えることができるとした．Einstein らが提案する基準を原文のまま引用しておこう．

If, without in any way disturbing a system, we can predict with certainty (i.e., with probability equal to unity) the value of a physical quantity, then there exists an element of physical reality corresponding to this physical quantity. （[70] より引用.）

　観測されたカオス時系列が確率過程に介入され区分的に決定論的な軌道を表すならば，同じカオス時系列を 1 に等しい確率で再現性よく観測することはできない．実際，実在するカオス系において同一のカオス時系列を測定できな

いことは経験的事実である．カオス時系列は，観測する度に異なる軌跡を描く．数値計算によってカオス時系列を生成する場合には，計算機や計算方法（計算条件）に依存してカオス時系列は異なる軌跡を描く．Einstein らが提案する基準に基づくならば，カオス軌道は物理的には実在しないと言えよう．

　一方，実験的に観測された，あるいは，数値計算によって生成されたカオス時系列から，カオスアトラクターの幾何学的構造を見ることができる．カオスアトラクターは一定の幾何学的構造を有しており，何度観測しても同じ幾何学的構造が現れる．Einstein らの基準に準拠するならば，アトラクターは物理的に実在すると言える．上田はアトラクターの幾何学的構造の再現性を，カオス系のダイナミックスにおける**実体安定性**（substantial stability）に基づいて説明している [210]．

　この章の以下に続く節と次章以降では，時系列からダイナミックスのカオス性を調べるための数理的手法を示すが，それらを構築する，あるいは，運用する際の前提条件として，（完全に決定論的な）カオス解曲線，即ち，カオス軌道の物理的実在が暗黙の内に仮定されている場合があるように思われる．不規則遷移振動論がカオス現象を説明する普遍的な理論であるかどうかは明らかではない．しかしながら，上田らによるカオス描像は，カオス時系列解析手法の開発や運用における新しい視点を示唆している．どの手法がカオス軌道の実在性を前提とし，どの手法がカオスアトラクターの実在性に基づくか留意することは有意義であろう．

3.4　カオスの事例

　カオスの事例を 2 例示そう．最初の事例は **Hénon**（エノン）写像（Hénon map）と呼ばれる漸化式によって作られる時系列である [101], [199]．

$$x(t+1) = 1 + y(t) - ax^2(t), \tag{3.9}$$

$$y(t+1) = bx(t). \tag{3.10}$$

通常，$a = 1.4, b = 0.3$ の定数値が用いられる．図 3.1 は，初期値が $x(0) = 0.1, y(0) = -0.1$，および，$x(0) = 0.1 + \epsilon, y(0) = -0.1, \epsilon = 10^{-6}$ のもとで計算した二つの時系列データ $\{x(t)\}_{t=0}^{100}$ である．初期条件の僅かな相違が急速に増幅された結果，$t > 30$ では，まったく異なる挙動が現れている．初期値 $x(0) = 0.1, y(0) = -0.1$ の時系列データ $\{x(t)\}_{t=0}^{10000}$ の自己相関関数を図 3.2 に示す．自己相関の時差に対する振舞いは，あたかも，時系列が $c_1 < 0$ の AR 過程から生じたもののように見えるが，ダイナミックスは AR 過程とはまったく異なる．

　Hènon 時系列には線形相関が無いことを見るために，$x(t)$–$x(t+1)$ プロットを作成した．図 3.3 にその結果を示す．$x(t+1) - \bar{x} = \hat{r}(x(t) - \bar{x})$（$\bar{x}$ は平

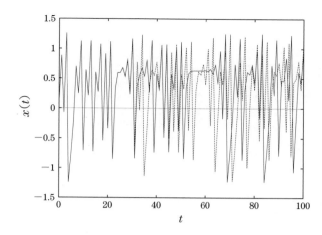

図 3.1 初期値が 10^{-6} だけ異なる 2 本の Hènon 時系列 $\{x(t)\}$.

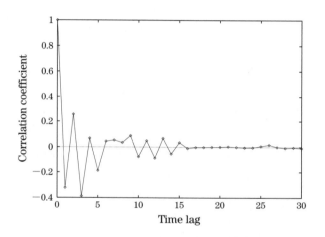

図 3.2 Hènon 時系列 $\{x(t)\}$ の自己相関関数.

均値）のような関係は見られない．プロットされた図形は奇妙な形をしているが，これはカオスアトラクターの特徴である．

次の事例は，連立常微分方程式によって表されるダイナミックスが生み出すカオスである．

$$\frac{dx}{dt} = -\sigma\,(x-y), \tag{3.11}$$

$$\frac{dy}{dt} = Rx - y - xz, \tag{3.12}$$

$$\frac{dz}{dt} = -bz + xy. \tag{3.13}$$

これは **Lorenz（ローレンツ）方程式**（Lorenz's equations）と呼ばれる [126]~[128], [199]．Lorenz は，対流圏における大気の流動状態を記述する偏微分方程式を簡略化して，上に示した常微分方程式を導いた．係数 σ, R, b は，それ

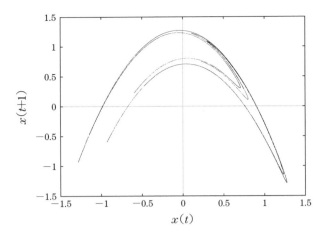

図 3.3　Hènon 時系列から作成した $x(t)$–$x(t+1)$ プロット.

ぞれ，流体力学において，Prandtl（プラントル）数（Prandtl number），無次元化された Rayleigh（レイリー）数（Rayleigh number），対流セルの無次元化されたスケールを表す定数である．Lorenz は，このモデルによって，流体の乱流への遷移が少数の不安定モードの励起によって引き起こされることを発見した．詳細については，文献 [21], [199] を参照されたい．

$(\sigma, R, b) = (10, 28, 8/3)$ の係数値の組はカオス的挙動を実現することが知られている．これらの値を代入し，4 次の Runge-Kutta（ルンゲ・クッタ）法（the Runge-Kutta method of order 4）を用いて，時間幅 0.001 のもとで数値計算し，x, y, z の時系列を得た．初期条件は，$x(0) = 0.02, y(0) = 0.01, z(0) = 0.05$ である．Runge-Kutta 法の内容は，文献 [165] に詳しく記されている．サンプリング時間 $\Delta t = 0.06$ ごとにデータを抽出して得られた時系列 $\{x(t)\}$ を図 3.4 に示す．図 3.5 は自己相関関数である．あたかも ARIMA 過程のように，長い

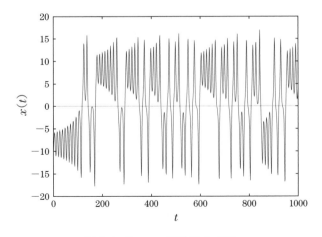

図 3.4　Lorenz 時系列 $\{x(t)\}$.

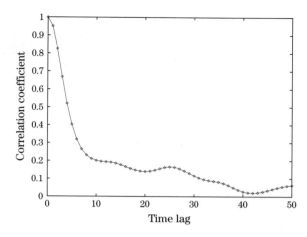

図 3.5　Lorenz 時系列 $\{x(t)\}$ の自己相関関数.

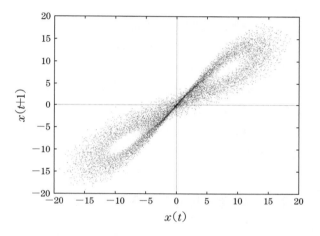

図 3.6　Lorenz 時系列から作成した $x(t)$–$x(t+1)$ プロット.

時差に渡って正の自己相関が持続している．図 3.6 は $x(t)$–$x(t+1)$ プロット
である．数字の 8 を右斜め上に引き伸ばしたような図形が見られる．正の線形
相関はこの図形の特徴を反映しているが，時系列のダイナミックスは線形予測
モデルでは適切に表現されない．また，図のプロットはいくつかの周期軌道が
重なったように見えるが，安定な周期的変動成分は含まれていない．図 3.7 に
は，高速 Fourier 変換によって時系列（データ点数は $N = 8192$ である）から
求めたパワースペクトルを示した．スペクトルは連続帯構造を持つが，周期的
変動を表すピークは存在しない．

　この節で例示したカオス時系列は，簡単な計算で合成できるので，カオス時
系列解析法の性能を試すのにしばしば利用される．これらの他にも，様々なカ
オス的挙動が数値計算によって再現される．興味深い事例は文献 [4] に示され
ている．

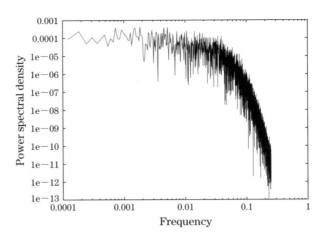

図 3.7 Lorenz 時系列のパワースペクトル.

　状態の時間変化を決定する方程式が予め明確であることは，実際の時系列解析では滅多にない.多くの場合，ダイナミックスを表す方程式は未知である.しかも，データは観測ノイズに汚染されている.ダイナミックスの性質とは関係のない観測ノイズが重畳した時系列データから，アトラクターの次元や Lyapunov 指数，あるいは，それらを反映した統計量を推定し，観測された挙動が少数自由度のカオスであるかどうか判断しなければならない.次節以降では，カオス性を検定するための時系列解析の数理と運用方法を論じる.

3.5　時系列の埋め込み

　ダイナミックスが式（3.2）で表されるようなシステムについて，その状態変化を，あるスカラー量 x を通して観測する.ただし，ダイナミックスの変数 $\boldsymbol{u}$ と観測量 x とは，適当なクラスの滑らかな連続関数 g を通して

$$x(t) = g\left[\boldsymbol{u}(t)\right]$$

で表される関係にあるとする.サンプリング時間 Δt で x を観測し，時系列 $\{x(t)\}$（時系列では，t は整数を表す）を得たとしよう.元の状態空間に対応する位相空間を何らかの方法で時系列から構成し，観測データから生成された軌道の性質を解析することによって，元の状態空間 $\boldsymbol{u}$ における軌道を生成するダイナミックスの性質を明らかにしたい.これが可能であるためには，再構成された位相空間における軌道と元の状態空間における軌道の幾何学的性質は同じでなければならない.これを保証するのが**埋め込み定理**（embedding theorem）である.この節では，埋め込みの概要と実際の運用方法を示そう.埋め込みに関する詳しい議論は文献 [4] に記されている.数学的裏付けについては [180], [193] を参照されたい.

式（3.2）は微分方程式であるから，ダイナミックスの性質を解析するためには，観測量から微分係数を求める操作が求められるかも知れない．例えば，1階の微分係数は

$$\frac{dx}{dt} \approx \frac{x(t+1) - x(t)}{\Delta t}$$

のように近似される．2階以上の微分係数も同様にして得られる．こうして得られる微分係数間の関係を解析すると，式（3.2）の性質を推定できるであろう．しかし，実は，微分係数を求める必要はない．その代わりに，次に示すような遅延座標を用いればよい．

$$\boldsymbol{x}(t) = (x(t), x(t+T), \ldots, x(t+(D-1)T)). \qquad (3.14)$$

この事実は，Packard（パッカード）らによって発見され[153]，その後，Takens（ターケンス）や Sauer（サウエル）らによって数学的な論証が与えられた[180], [193]．D は**埋め込み次元**（embedding dimension）と呼ばれる．これは線形予測モデルの次数に対応する量である．時差 T と埋め込み次元 D を適切に選択すると，元の状態空間におけるアトラクターの性質は，埋め込み空間のアトラクターにそっくり受け継がれる．こうして，時系列 $\{x(t)\}$ から再構成された軌道について，次元や Lyapunov 指数を推定することの意義が保証される．

　埋め込みを行なうために，T と D をどのように決めればよいだろうか．Takens の埋め込み定理は，T の選択に何も制限を加えない．したがって，T の値は任意でよい．しかし，ノイズに汚染された有限長の実データを対象とする時系列解析では，T の選択に依存して，異なる解析結果が導かれる傾向がある．T が小さ過ぎると，埋め込み空間の座標間の相関が非常に強く，座標変数としての独立性が損なわれるかも知れない．一方，T が大き過ぎると，情報の自発的消失のために座標間の決定論的関係が失われる．実務上有効な T の選択を行なうために，いくつか合理的なアルゴリズムが考案されている[4]．ここでは二つの方法を紹介しよう．いずれも，時系列解析の実務における実績を通して，その有用性が認められている．

　第 1 の選択方法は自己相関関数を活用する．時系列データから自己相関関数 $\hat{\rho}(\tau)$ を推定し，$\hat{\rho}(\tau) = 0$ となるような最小の時差 τ を埋め込みの時差 T に選ぶ．$\hat{\rho}(\tau) = 0$ と見なせるような時差の決定方法は，第 1 章に記されている．この選択方法の利点は，座標成分間の線形相関を消去できることにある．各座標は互いに線形相関が無いという意味で独立である．ダイナミックスのカオス性，即ち，非線形性を調べることが目的であるから，観測値間の線形相関は不要である．この方法で構成された埋め込み空間内の軌道に残存すると期待される性質は，非線形相関である．しかしながら，自己相関がゼロであるからと言って，そのような時差で時系列を眺めたときに，非線形相関を効果的に抽出できるという保証はない．これがこの方法の問題点である．Hènon 時系列と Lorenz 時系列に対する適用事例を示そう．図 3.2 および図 3.5 は，それぞれ，Hènon 時

系列と Lorenz 時系列の自己相関関数である．自己相関がゼロと見なせる時差は，それぞれ，$T = 5$ および $T = 40$ であるから，これらの値を埋め込みの時差に用いることができる．

第 2 の選択方法は，Shannon（シャノン）の情報理論[6],[28],[50] を利用する[78],[81]．時刻 t における状態の観測値を $x(t)$，T 時間ステップ後の観測値を $x(t+T)$ とする．$x(t)$ を時刻 t に情報源から送信された信号，$x(t+T)$ を時刻 $t+T$ に受信装置で受信された信号と考える．このとき，送信側から受信側へ伝達される情報量は，**相互情報量**（mutual information）という概念に基づいて測ることができる．時系列データから相互情報量を見積もる方法を示そう．時系列を確率変数の実現値の集合と見なす．これを $X = \{x(t)\}$ とする．また，X の各要素に対して T 時間ステップ後の実現値の集合を $Y = \{y(t) = x(t+T)\}$ とする．それぞれ集合について，実現値の分布関数を求める．分布関数の洗練された近似方法は [78], [81], [146] に示されているが，ここでは，簡単な方法として，等間隔の区間で構成されるヒストグラム（histogram）で実現値の度数分布を表し，分布関数を近似する．この場合，区間数を 2 のべきに等しく取ると，ヒストグラムを作る計算コストが削減される．

2^n 個の等幅区間からなるヒストグラムの作成方法

1. 時系列データ $\{x(t)\}_{t=0}^{N-1}$ の最大値 x_{max}，最小値 x_{min}，それらの中点 x_{mid} を求める．

2. $i = 0$．$x(t) < x_{mid}$ ならば，x_{max} を x_{mid} で置き換え，$a[i] = 0$．$x(t) > x_{mid}$ ならば，x_{min} を x_{mid} で置き換え，$a[i] = 1$．

3. $i = i + 1$．x_{max} と x_{min} の中点 x_{mid} を求める．$x(t) < x_{mid}$ ならば，x_{max} を x_{mid} で置き換え，$a[i] = 0$．$x(t) > x_{mid}$ ならば，x_{min} を x_{mid} で置き換え，$a[i] = 1$．$i = n$ となるまで，この操作を繰り返す．

4. $i = n$ ならば，上の操作を終了する．$a[0]2^{n-1} + a[1]2^{n-2} + \ldots + a[n-1]$ で指定される区画番号のヒストグラムに度数 1 を加える．

各区間の代表値を x_i，度数を n_i $(i = 1, \ldots, M)$ とすると，

$$p(x_i) = \frac{n_i}{N}$$

によって確率密度関数を近似できる．同様に，x_i, y_i の 2 変数について，2 次元のヒストグラムを作成し，結合確率密度関数 $p(x_i, y_i)$ の近似値を得る．

実現値の分布の複雑さは，情報エントロピー H で測ることができる．例えば，X については

$$H(X) = -\sum_{i=1}^{M} p(x_i) \log_2 p(x_i) \tag{3.15}$$

である．$x(t), y(t)$ の結合分布については，

$$H(X, Y) = -\sum_{i,j=1}^{M} p(x_i, y_j) \log_2 p(x_i, y_j) \qquad (3.16)$$

である．Bayes の定理によると，条件付き確率 $p(Y \mid X)$ は

$$p(Y \mid X) = \frac{p(X, Y)}{p(X)} \qquad (3.17)$$

と書ける．この関係を利用して，X, Y に関する平均相互情報量 $I(Y; X)$ を定義しよう．

$$\begin{aligned} I(Y; X) &= H(Y) - H(Y \mid X) \\ &= H(X) + H(Y) - H(X, Y). \end{aligned} \qquad (3.18)$$

$I(Y; X)$ は，X を観測したとき Y の分布の複雑さについてどの程度情報が引き出せるか，つまり，X と Y の間に存在する情報論的な因果関係の強さを表す．例えば，X と Y が互いに独立ならば，$p(X, Y) = p(X)p(Y)$ が成立するから $I(Y; X) = 0$ である．こうして，線形ダイナミックスによる実現値であるか，非線形ダイナミックスによる実現値であるかを問わず，X と Y の因果的相関を評価できる．$I(Y; X)$ を T の関数と見なし，$I(T)$ が適当なレベル以下になるような T を見つければ，その T で構成される位相空間は，各成分間で重複する情報の冗長さが少ないという意味で，効率の良い埋め込みを実現するであろう．実際の運用上は，$I(T)$ が極小となる最小の T を採用することが多い．$I(T)$ が単調減少する場合には，$I(T)$ が適当な値以下（例えば，$1/e$，e は自然対数の底）に減少するような T を選択するとよい．

　Hènon 時系列（$N = 10000$）について平均相互情報量を時差の関数として計算した結果を図 3.8 に示す．確率密度関数および結合確率密度関数は，32 区画のヒストグラムと 32×32 区間のヒストグラムから近似的に求めた．時差 $T = 5$

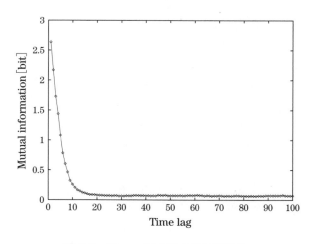

図 3.8　Hènon 時系列の相互情報量．

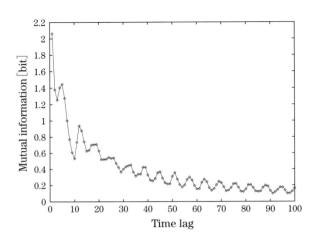

図 3.9　Lorenz 時系列の相互情報量.

で相互情報量は $1/e$ 以下となる．したがって，埋め込みの時差は，自己相関関数から推定された時差と同じである．図 3.9 は，Lorenz 時系列（$N = 10000$）の平均相互情報量を時差の関数として計算した結果である．確率密度関数および結合確率密度関数は，32 区間のヒストグラムと 32×32 区間のヒストグラムから求めた．相互情報量は時差 $T = 3$ で最初の極小値を取る．この時差は，自己相関関数から推定された値 $T = 40$ とは相当異なる．Hènon 時系列，Lorenz 時系列，いずれの場合にも，時差の増加につれて相互情報量が急速に減衰する．これは，カオス過程における自発的な情報損失を表している．相互情報量は，カオスの特徴を検出するための簡便な指標としても利用できる．

　実データに対する適用事例として，第 1 章の図 1.1 と図 1.2 に示した時系列の相互情報量を計算しておこう．16 区間のヒストグラムおよび 16×16 区間のヒストグラムに基づいて推定した相互情報量を図 3.10 と図 3.11 に示す．株価時系列と高炉時系列では，それぞれ，時差 $T = 50$ および $T = 10$ で相互情報量が $1/e$ 以下となる．これらの時差は，自己相関関数から求められる値 $T > 300$，$T = 22$ よりもかなり小さい．

　自己相関関数または相互情報量に基づくアルゴリズムは，埋め込みの時差をある合理性のもとで決定する標準的な手法である．しかしながら，どのような方法で決定されるものであろうと，それが埋め込みにおける最良の時差であるとは限らないことを常に留意すべきである．例えば，第 4 章のテーマである時系列予測では，自己相関関数あるいは相互情報量から導かれる時差を利用することなく，最小時差 $T = 1$ で埋め込みを行なうと良い結果が得られることが多い．どのような応用に対しても最適な時差を決定する方法は，未だ発見されていない．

　埋め込み次元 D はどのようにして決定すればよいだろうか．アトラクターの次元 D_a がわかっている場合，埋め込みの十分条件は $D > 2D_a$ である [69], [180]，

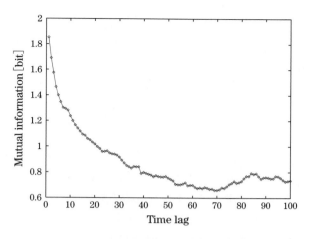

図 3.10　平均株価時系列の相互情報量.

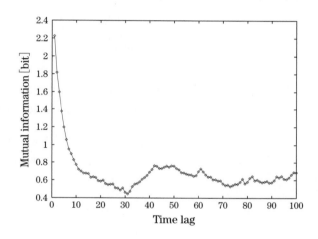

図 3.11　高炉時系列の相互情報量.

[193]. しかし, そもそも D_a こそが埋め込みを利用して時系列から推定したい量なのである. したがって, D を十分に大きな値に取るか, あるいは, 時系列から計算される統計量を D の関数として求め, 計算結果の D に対する依存性に基づいて, 適切な D を判定するというプロセスに頼らざるを得ない. 次節以降では, このような戦略に基づいて次元と Lyapunov 指数を推定する方法について概観する.

3.6　次元の定義

　次元は, ダイナミックスを記述する変数の数, 即ち, 状態変化に実質的に寄与している自由度を表す量である. カオスダイナミックスの次元は有限値を取る. 実務上扱うことができるのは, 高々10 次元程度であろう.

状態空間あるいは埋め込み空間の多様体の体積を V，体積を測る尺度を L とする．アトラクターの次元の定義は，基本的な関係式

$$V \propto L^{D_a}$$

即ち，

$$D_a = \frac{\log V}{\log L}$$

によって与えられる．アトラクターにおける点の分布の複雑さという観点から V を測ることを考えよう．間隔 ϵ のグリッドで埋め込み空間を分割したとき，アトラクターを覆うのに必要な細胞の総数を $N(\epsilon)$ とする．これは，空間を $L = 1/\epsilon$ の分解能で粗視化して眺めたときにアトラクター上の点分布の複雑さを表す量である．$N(\epsilon)$ によって V を表すと，

$$D_0 = \lim_{\epsilon \to 0} \left(-\frac{\log N(\epsilon)}{\log \epsilon} \right) \tag{3.19}$$

と定義される次元 D_0 が考えられる．これを**容量次元**（capacity dimension），**フラクタル次元**（fractal dimension），または，**ボックスカウント次元**（box-counting dimension）と呼ぶ．各細胞を指標 i で識別する．i 番細胞内にアトラクターの点が現れる確率を p_i とする．式 (3.19) は

$$D_0 = \lim_{\epsilon \to 0} \frac{\sum_{i=1}^{N(\epsilon)} \frac{1}{N(\epsilon)} \log \frac{1}{N}(\epsilon)}{\log \epsilon} \tag{3.20}$$

と書き直すことができる．情報エントロピー $H(\epsilon)$ は

$$H(\epsilon) = -\sum_i p_i \log_2 p_i$$

と定義されるから，式 (3.20) 右辺の分子は，アトラクター上で確率密度関数が一定であるときの情報エントロピーの符号を反転したものに等しい．これを一般の確率密度関数に拡張すると，

$$D_1 = \lim_{\epsilon \to 0} \frac{\sum_{i=1}^{N} p_i \log_2 p_i}{\log \epsilon} \tag{3.21}$$

$$= \lim_{\epsilon \to 0} \left(-\frac{H(\epsilon)}{\log \epsilon} \right) \tag{3.22}$$

で与えられる次元 D_1 の定義が得られる．D_1 は**情報次元**（information dimension）と呼ばれる．$p_i = 1/N$ ならば，情報次元は容量次元に一致する．一般に，$D_0 \geq D_1$ である．容量次元の定義では，細胞にアトラクターの点が一つでも含まれれば，含まれる点の数に関係なく，その細胞は次元の定義式に寄与する．一方，情報次元の定義では，各細胞に含まれるアトラクターの点の数が問題となる．

　アトラクターにおける点の分布は，2体相関を通して測ることもできる．こ

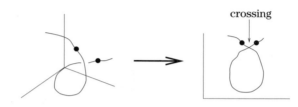

図 3.12　1 次元アトラクターと埋め込み次元の関係：2 次元の埋め込み空間では，軌道が交差する．

うして定義される次元 D_2 を**相関次元**（correlation dimension）という．

$$D_2 = \lim_{\epsilon \to 0} \frac{\log \sum_{i=1}^{N} p_i^2}{\log \epsilon}. \tag{3.23}$$

$\sum_{i=1}^{N} p_i^2$ は，ランダムに選ばれた 2 点が同じ細胞内に出現する確率に相当する．

式（3.23）を拡張し，q 次の相関 $\sum_{i=1}^{N} p_i^q$ で分布の複雑さを測ると，**一般化次元**（generalized dimension）D_q が定義される．

$$D_q = \lim_{\epsilon \to 0} \frac{1}{q-1} \frac{\log \sum_{i=1}^{N} p_i^q}{\log \epsilon}. \tag{3.24}$$

$q = 0$ ならば，一般化次元は容量次元に一致する．$q \to 1$ の極限でロピタルの定理（L'Hospital's rule）を適用すると，一般化次元は情報次元に一致することがわかる．$q = 2$ では相関次元を与える．一般に，$D_q \geq D_{q+1}$ が成り立つ．一般化次元のうち，どの次元でアトラクターの次元 D_a を表現しても，時系列解析においては有意な差が現れることはない．そのため，推定が容易な相関次元 D_2 によって D_a を表すことが多い．

D 次元埋め込み空間で求めることのできる一般化次元の上限は，D である．アトラクターの次元 D_a よりも D が十分に大きくなければ，D_a を正しく求めることができない．例えば，3 次元の埋め込み空間と 2 次元の埋め込み空間で再構成された 1 次元のアトラクターを想像してみよう．図 3.12 は，このような状況を概念的に表したものである．2 次元の埋め込み空間では，見かけ上，偽の軌道交差が生じ，ダイナミックスの因果性が破綻する．3 次元埋め込み空間では遠く離れている 2 点が，2 次元埋め込み空間ではあたかも近接する 2 点であるかのように分布する．そのため，D_a を正しく求めることができない．D を徐々に増加し，各埋め込み次元で逐次 D_a を求めたとしよう．D が適切な値に達すると，その値以上の次元の埋め込み空間で求められる D_a は，本来の値で一定となるであろう（図 3.13）．

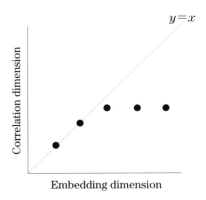

図 3.13　相関次元の推定値（●）と埋め込み次元の関係.

3.7　次元の直接推定

　一般化次元のうち，相関次元は，Grassberger（グラスバーガー）と Procaccia（プロカッチャ）によって考案された推定アルゴリズムを用いて時系列データから簡単に求めることができるので，重要である [94], [95]．このアルゴリズムは，計算コストが少なく，収束が良いので，多くの研究者に受け入れられ，現在ではカオス時系列解析における標準的手法の一つに数えられている．**Grassberger–Procaccia** アルゴリズムを詳しく見てみよう．時系列データから，時差 T において D 次元の埋め込みによりベクトル $\boldsymbol{x}(t)$ を構成する．ベクトル間の距離はユークリッド距離によって測る．互いに距離が r 以内にあるベクトル対の総数を $C(r)$ とする．これは**相関積分**（correlation integrals）と呼ばれる．$C(r)$ は $\sum_{i=1}^{N} p_i^2$ を見積もるための便利な量である．

$$C(r) = \frac{1}{N^2} \sum_{i,j} \theta\big[r - \mid \boldsymbol{x}(i) - \boldsymbol{x}(j) \mid\big], \qquad (3.25)$$

$$\theta(z) = \begin{cases} 1 & (z > 0) \\ 0 & (z \leq 0). \end{cases}$$

相関次元は

$$D_2 = \lim_{r \to 0} \frac{\log C(r)}{\log r} \qquad (3.26)$$

で与えられる．データの分散に比べて十分に小さな r について $\log C(r)$–$\log r$ プロットを取り，プロットの直線部分（通常，相関係数は 0.999 以上）でその勾配を求める．この計算を様々な D について行なう．D の増加に対して定常となる勾配値が D_2 の推定値である（図 3.13）．時系列がカオス過程ならば，勾配値は D の増加に対して速やかに定常になるが，奇妙なことに，D_2 の推定値は非整数値を取る．これは，カオスアトラクターがフラクタル構造を持つことを示唆している．時系列が白色ノイズであるならば，無限自由度の過程であ

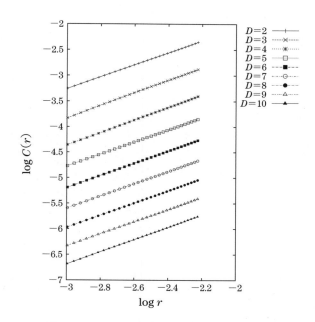

図 3.14　Hènon 時系列の相関積分プロット.

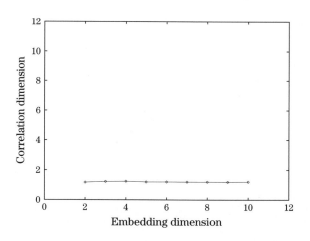

図 3.15　Hènon 時系列における相関次元と埋め込み次元の関係.

るから，勾配値が定常になることはなく，埋め込み次元と同じ値を取り続ける．観測ノイズとしての白色ノイズに汚染された過程では，勾配値は D に対して単調増加するであろう．

　相関次元を実際に求めてみよう．図 3.14, 図 3.15 と図 3.16, 図 3.17 は，それぞれ，Hènon 時系列と Lorenz 時系列に Grassberger-Procaccia アルゴリズムを適用した結果である．時系列のデータ点数は $N = 10000$ である．他の文献と比較ができるように，埋め込みにおける時差を $T = 1$ とした．相関積分プロットの勾配は D に対して速やかに定常になる．カオス過程の特徴をよく表し

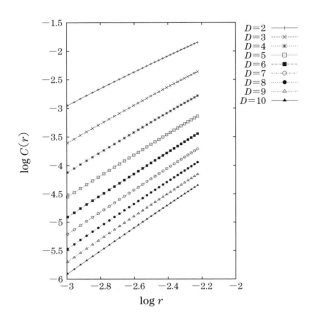

図 3.16　Lorenz 時系列の相関積分プロット.

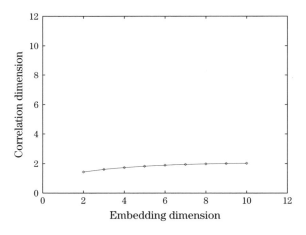

図 3.17　Lorenz 時系列における相関次元と埋め込み次元の関係.

ている. これらの計算からは, Hènon 時系列の相関次元は $D_2 = 1.20$, Lorenz 時系列の相関次元は $D_2 = 2.03$ と推測される.

Grassberger–Procaccia アルゴリズムは, 計算の遂行が容易で実用的である. このアルゴリズムを用いて, 時系列データから非整数の相関次元が困難なく得られ, Takens の埋め込み定理を適用して, 適切な埋め込み次元が直ちに求められると思われるかも知れない. しかしながら, 実情はそう単純ではない. 非整数の次元を求めるので, 時系列データが観測ノイズに汚染されていると, 正確な推定ができない. また, 推定可能な相関次元の上限は, 時系列の長さに依存

する[35], [175], [194]．相関次元は，相関積分の両対数プロットにおける直線部分の勾配を計算して求められる．プロットは $\log r$ の広い範囲にわたって線形関係を持続しなければならない．Ruelle は，相関積分プロットの線形関係を確保するためには，アトラクターの次元 D_a が高くなるにつれて指数関数的に長い時系列データが必要であることを指摘した[175]．N をデータ点数とすると，

$$N \geq 10^{\frac{D_a}{2}}$$

である．つまり，N 個のデータから推定可能な次元の上限値は，$2\log_{10} N$ で押えられる．Grassberger–Procaccia アルゴリズムは大量のデータを必要とする．しかし，このアルゴリズムには他にも問題がある．時系列がカオス過程ならば，相関次元は埋め込み次元よりも小さな非整数値を取る．これには問題はない．問題はその逆である．時系列がカオス過程かどうか不明であるとしよう．このアルゴリズムから推定される相関次元が，埋め込み次元よりも小さい非整数値を取るとき，どう解釈すればよいであろうか．時系列はカオスであると推測したくなるだろう．しかし，この推測は正しくない場合がある．それを指摘したのは Osborne（オズボーン）と Provenzale（プロヴェンゼール）である[151]．

カオスに一見似た振舞いを示す不規則な時間的変動に，**非整数ブラウン運動**（fractional Brownian motion）という確率過程がある[20], [23], [65], [82], [86], [91], [102], [103], [114], [118], [134], [138], [186], [188], [190], [217]．この確率過程は，平均がゼロで，分散が観測した時間 t の非整数べき乗に依存するという奇妙な性質を持ち，$N(0, t^{2H})$，$0 \leq H \leq 1$ と表される．H は **Hurst（ハースト）指数**（Hurst exponent）と呼ばれる．カオス過程と同様，動的挙動の将来予測は不可能であるが，その挙動は有限自由度の決定論的方程式で表現されない．パワースペクトル $W(f)$ は，周波数 f に対して $W(f) \propto f^{-\alpha}$ で表されるような連続帯構造を持つ．α は**パワースペクトル指数**（power spectral exponent）と呼ばれ，Hurst 指数との間に

$$\alpha = 2H + 1 \qquad (1 \leq \alpha \leq 3)$$

という関係が成り立つ．白色ノイズと異なり，パワースペクトル密度が周波数に対して一定値を取らないので，**有色ノイズ**（colored noise）とも呼ばれる[117]．実際，$W(f) = 1/f$ のパワースペクトルは，低周波数領域に向かうほど大きなスペクトル密度を持つ．もし，時系列が可視光であったならば，"赤み"を帯びることであろう．このような確率過程は強い自己相関を示す．その起源はよくわかっていない．とにかく，決定論的方程式では表現できない無限自由度の確率過程であるから，少数自由度のカオス過程ではない．非整数ブラウン運動とカオス過程とは，ダイナミックスの性質が異なるので，区別されている．厄介なことに，Grassberger–Procaccia アルゴリズムは，カオス過程と非整数ブラウン運動を識別できない．つまり，非整数ブラウン運動を観測して得られる時系列であっても，図 3.13 のような傾向が観測される．

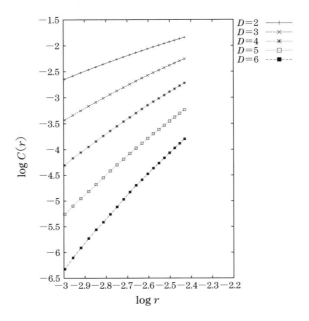

図 3.18　ユニットルート過程の相関積分プロット.

　時系列データから求められた相関次元によってダイナミックスの性質を判定する問題について，多くの教訓を残した事例は，地球気候または気象ダイナミックスのカオス性に関する論争である．これは，1984 年から 1991 年にわたって英国の科学雑誌 Nature に発表された異なる著者による数編の論文を通して繰り広げられた [71], [92], [129], [148], [206]．どの論文の著者も相当な実績のある著名な研究者であるが，各々の主張がまったく異なるところが興味深い．現在では，気候ダイナミックスは少数自由度のカオスではないと考えられている.

　第 2 章の図 2.5 に示したユニットルート過程に Grassberger–Procaccia アルゴリズムを適用しよう．この過程は

$$x(t) = 0.99x(t-1) + \xi(t)$$

と表される AR 過程であり，白色ノイズで駆動されるから，カオスではない．図 3.18 と図 3.19 に計算結果を示す．時系列のデータ点数は $N = 1024$ である．相関積分プロットの勾配は，埋め込み次元に対して単調増加するが，対応する埋め込み次元よりも小さい．このような傾向は，観測ノイズに汚染されたカオス時系列でも見られる．時系列が AR 過程であることを知らなければ，図 3.19 の結果の解釈は曖昧なものとなるであろう.

3.8　次元の間接推定

　アトラクターの次元を直接推定する方法は，前節で示したように，いくつか

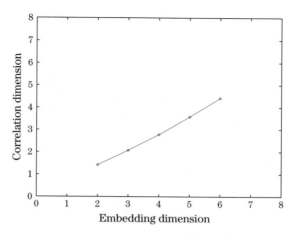

図 3.19　ユニットルート過程における相関次元と埋め込み次元の関係.

の問題点を含んでいる. そこで, アトラクターの次元を直接求める代わりに, 適切な埋め込み次元を求めることによって, 次元の上限値を推定することを考えよう. "適切な埋め込み次元" とは, 図 3.12 に概念的に表した軌道交差がなくなる最小の埋め込み次元のことを指す. ここでは, 二つの有力な推定アルゴリズムを紹介しよう. 一つは, **偽近接点** (false nearest neighbors) が消滅する埋め込み次元を探索する方法である [35], [37]. 以下では, この方法を **FNN 法**と略記する. もう一つは, 埋め込み空間で再構成された近接軌道群の方向の分散に基づく方法である [112], [113], [177], [221]. どちらの方法も, Grassberger–Procaccia アルゴリズムほど大量のデータを必要としないし, ノイズに汚染された時系列に対してよく機能する. 決定的な長所は, カオス過程と有色ノイズを明瞭に識別できることである. 特に, 近接軌道群の方向分散に基づくアルゴリズムは, 時系列における決定論性の程度 (degrees of visible determinism) を定量的に評価できるので, アトラクターの次元を直接に推定しないにもかかわらず, たいへん有用な知見をもたらす.

　FNN 法の要点を述べよう. D 次元埋め込み空間において, 時系列データ $\{x(t)\}_{t=0}^{N-1}$ から適当な時差の下でベクトル

$$\boldsymbol{x}(t) = (x(t), x(t+T), \ldots, x(t+(D-1)T))$$

を作る. 無作為に選んだベクトル $\boldsymbol{x}(k)$ について, 最近接ベクトル $\boldsymbol{x}(n)$ を探す. ベクトル間の距離はユークリッド距離で測るとよい. D 次元埋め込み空間における最近接ベクトル間の距離を $R_D(k)$ で表す. $R_D(k)$ は $(1/N)^{1/D}$ の程度の大きさであろう. 埋め込み次元を 1 だけ増加すると,

$$R_{D+1}^2(k) = R_D^2 + [x(k+DT) - x(n+DT)]^2 \tag{3.27}$$

となる. もし, $R_{D+1}(k)$ が $R_D(k)$ に比べて著しく増加するならば, それは, 図

3.12 に示したように，D 次元空間で最近接点であったものが，実は，$D+1$ 次元空間で遠く離れた点であること，即ち，偽近接点であることを意味する．そこで，距離の増加率について，適当な閾値 r_T を設定する．r_T は通常 $10 \leq r_T \leq 50$ の範囲で選択される[35]．

$$\frac{|x(k+DT) - x(n+DT)|}{R_D(k)} > r_T. \tag{3.28}$$

式 (3.28) の評価式が成立するならば，$\boldsymbol{x}(n)$ は偽近接点である．この基準は，十分な量のデータがあればよく機能する．しかしながら，もし，データ量が少なければ，空間内でベクトルは疎らに分布するであろう．その結果，高い埋め込み次元での最近接点間距離は，相当大きな値を取るかも知れない．このような場合には，偽近接点を決めるもう一つの基準が必要となる．アトラクターの全長に相当する距離を r_a としよう．もし，$R_D(k) \approx r_a$ であるならば，$R_{D+1}(k) \approx 2r_a$ となるだろう．r_a は時系列データから求めた標準偏差に設定すればよい．

$$\frac{R_{D+1}(k)}{r_a} \geq 2. \tag{3.29}$$

式 (3.29) の評価式が成立するならば，$\boldsymbol{x}(n)$ は偽近接点である．埋め込み空間の次元を 1 から順に増やし，各埋め込み次元において，これらの基準で偽近接点を判定する．全ベクトル数に対する偽近接ベクトル数の割合が十分に小さくなるような（例えば 1% 以下）最小の埋め込み次元が，適切な埋め込み次元である．アトラクターの次元は，こうして決定された最適埋め込み次元よりも小さい．

　次に，近接軌道群の方向分散に基づくアルゴリズムを見てみよう．このアルゴリズムの原型は，Kaplan（カプラン）と Glass（グラス）によって発見され[112], [113]，その後，Wayland（ウェイランド）らによって，計算が容易なアルゴリズムへと改良された[221]．本書では Wayland らのアルゴリズムを紹介する．システムの挙動を $\tau T \Delta t$ の時間スケールで観測したとき，時間発展に決定論的側面が認められるということは，埋め込みにより再構成された軌道群の近接した部分が，$\tau T \Delta t$ 時間経過後に近接した軌道群に移されることを意味する．決定論的ダイナミクスによる時間変化は滑らかだからである．この考えに基づいて，複雑な挙動に残存する決定論的側面，即ち，変化における因果性の程度を定量的に評価することができる．ある時刻 t_0 におけるベクトル $\boldsymbol{x}(t_0)$ について K 個の最近接ベクトルを見つける．ベクトル間距離はユークリッド距離で測る．これらのベクトルを $\boldsymbol{x}(t_i)$ $(i = 0, 1, \ldots, K)$ と書く．τ 時間ステップだけ時間が経過すると，$\boldsymbol{x}(t_i)$ は $\boldsymbol{x}(t_i + \tau T)$ に移される．このとき，時間の経過に伴う各軌道の変化は

$$\boldsymbol{v}(t_i) = \boldsymbol{x}(t_i + \tau T) - \boldsymbol{x}(t_i) \tag{3.30}$$

によって近似される．$\boldsymbol{v}(t_i)$ の方向の分散を計算すれば，軌道の方向がどのく

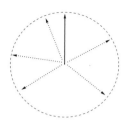

図 3.20　Wayland テストにおける白色ノイズと並進ベクトルの関係.

図 3.21　Wayland テストにおけるカオス過程と並進ベクトルの関係.

らい揃っているか，即ち，時間発展がどの程度決定論的に見えるか定量的に評価できる．方向の分散は次式で与えられる．

$$E_{trans} = \frac{1}{K+1} \sum_{i=0}^{K} \frac{|\boldsymbol{v}(t_i) - \bar{\boldsymbol{v}}|}{|\bar{\boldsymbol{v}}|}, \tag{3.31}$$

$$\bar{\boldsymbol{v}} = \frac{1}{K+1} \sum_{i=0}^{K} \boldsymbol{v}(t_i). \tag{3.32}$$

E_{trans} は**並進誤差**（translation error）と呼ばれる．$\boldsymbol{x}(t_0)$ の選択から生じる E_{trans} の誤差を抑えるために，無作為に選択した M 個の $\boldsymbol{x}(t_0)$ に関する E_{trans} の中間値（メディアン）を求める操作を Q 回繰り返し，Q 個の中間値の平均値で並進誤差を表す．

　時系列が白色ノイズを表す場合には，ベクトル $\boldsymbol{v}(t_i)$ は，図 3.20 に概念的に示すように，埋め込み次元に関係なく，様々な方向に現れるであろう．並進誤差の最大値は ~ 2 であるから，並進誤差の中間値は ~ 1 となるであろう．時系列が有色ノイズならば，並進ベクトルは勝手な方向を指すであろうが，ベクトルの各成分間に存在する自己相関を反映して，埋め込み次元が高くなるほど並進誤差は小さくなると予想される．

　時系列がカオスならば，時間推進 τ があまり大きくない限り，時間発展に決定論的側面が残存しているはずである．ベクトル $\boldsymbol{v}(t_i)$ は，図 3.21 に概念的に示すように，ほぼ同じ方向を向いているように見えるだろう．ダイナミックスの自由度を最も良く反映する埋め込み次元で，並進誤差は最小となるだろう．こうして，最適な埋め込み次元が求められる．

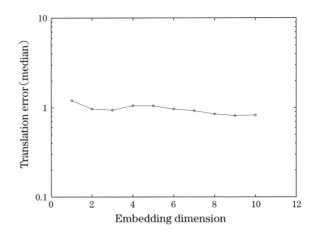

図 3.22　白色ノイズに関する Wayland テスト.

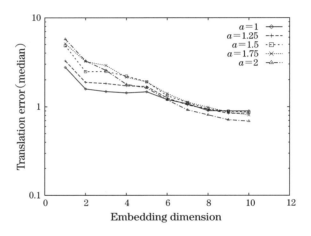

図 3.23　$1/f^\alpha$ ノイズに関する Wayland テスト
$(\alpha = 1\ (\diamond),\ 1.25\ (+),\ 1.5\ (\square),\ 1.75\ (\times),\ 2\ (\triangle))$.

　FNN アルゴリズムと Wayland らのアルゴリズムのいずれも，最近接ベクトルを探索するプロセスを含む．実際の計算では，すべてのベクトルについて距離を算出し，大小比較をして順位付けする必要がある．高速ソーティングアルゴリズムを使用すべきである．

　並進誤差の挙動を数値実験によって確かめよう．白色ノイズ，$1/f^\alpha$ ノイズ（$\alpha = 1, 1.25, 1.5, 1.75, 2$），Hènon 時系列，Lorenz 時系列に Wayland らのアルゴリズムを適用した．時系列のデータ点数は，いずれも $N = 1024$ である．同じ条件でテストを行なうために，$K = 4, \tau = 5, M = 51, Q = 10$ に設定する．埋め込みの時差は $T = 1$ とする．図 3.22 は白色ノイズに関する計算結果，図 3.23 は $1/f^\alpha$ ノイズに関する計算結果である．予想された通りの傾向が認められる．

　図 3.24 は，カオス時系列に対する Wayland テストである．白色ノイズや

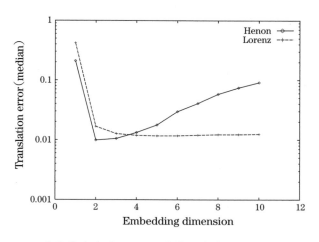

図 3.24　Hènon 時系列（◇）と Lorenz 時系列（+）に関する Wayland テスト.

$1/f^\alpha$ ノイズの場合に比べて，並進誤差は桁違いに小さい．不規則な挙動であるにもかかわらず，決定論的側面がよく現れている．並進誤差が最小となる埋め込み次元は，Hènon 時系列では $D = 2$，Lorenz 時系列では $D = 5$ である．カオスアトラクターの次元は，これらの値よりも小さいはずであり，実際，その通りである．

　Wayland らのアルゴリズムは，観測ノイズに汚染された時系列データに残存する決定論性の程度をうまく捉えることができる．この事実を実証しよう．Lorenz 時系列 $\{x(t)\}$ に白色ノイズ $\{\xi(t)\}$ を重畳した時系列データ $\{y(t)\}$ を合成し，Wayland らのアルゴリズムを適用する．データ点数は $N = 1024$ である．

$$y(t) = x(t) + r_n \xi(t).$$

図 3.25 は，ノイズレベル $r_n = 0, 0.1, 0.3$ の各時系列に関する計算結果である．計算条件は $K = 4, \tau = 5, M = 51, Q = 10$ である．埋め込みの時差は $T = 1$ とする．

　ノイズレベルが上昇するにつれて並進誤差は増加するが，$r_n = 0.1$ では，時系列の決定論的側面が十分に認められる．$r_n = 0.3$ でも，埋め込み次元を適当に設定すると，白色ノイズや有色ノイズに比べて並進誤差は低い値を取る．これらの数値実験から，カオス過程と有色ノイズを識別するための E_{trans} 中間値の閾値を 0.5 に設定できるだろう．この仮の基準値を念頭において，ユニットルート過程

$$x(t) = 0.99x(t-1) + \xi(t)$$

の決定論性を，Wayland らのアルゴリズムによって評価した．図 3.26 は，先に示した数値実験と同じ条件下での計算結果である．ユニットルート過程には決定論的側面が認められず，カオス過程と異なることがはっきりとわかる．

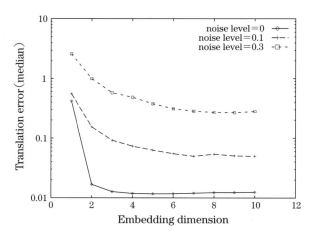

図 3.25　白色ノイズで汚染された Lorenz 時系列に関する Wayland テスト
（r_n (noise level) $= 0$（◇）, 0.1（＋）, 0.3（□））.

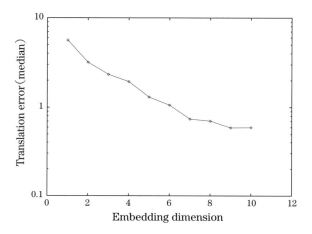

図 3.26　ユニットルート過程に関する Wayland テスト.

　Wayland らのアルゴリズムは，少量の実データに対して有効に機能する．こ
のアルゴリズムを株価時系列と高炉時系列に適用しよう．解析に用いるデータ
点数は，いずれも $N = 512$ とする．埋め込みの時差には，相互情報量が $1/e$ 以
下となる値を用いる．株価時系列と高炉時系列の時差は $T = 50$ および $T = 10$
である．その他の条件は数値実験と同じにする．図 3.27 は計算結果である．株
価時系列はカオス過程ではない．一方，高炉時系列は，有色ノイズについて期
待される以上の決定論性が認められるので，カオス過程を表す可能性がある．
　実データに関する事例として，火炎挙動の時系列に Wayland テストを適用
した結果 [222] を図 3.28 に示しておこう．$N = 10000$, $T = 10$ とし，平均株価
時系列と高炉時系列と同様，埋め込み時差は，相互情報量が $1/e$ 以下となると
きの値とする．火炎挙動の時系列はカオスを表す可能性がある．

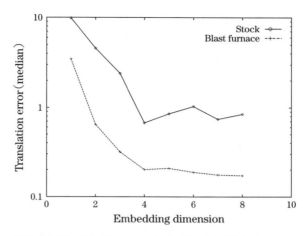

図 3.27　平均株価時系列（Stock, ◇）と高炉時系列（Blast furnace, ＋）
に関する Wayland テスト.

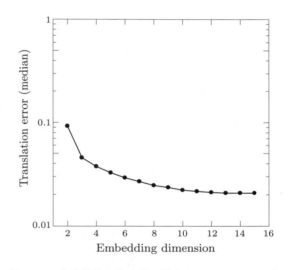

図 3.28　火炎挙動の時系列に関する Wayland テスト.

3.9　Lyapunov 指数の定義

　次元は，状態空間における点の分布に関する特徴量である．個別の点がアト
ラクターにおいてどのように分布するか記述する．これに対して，Lyapunov 指
数は，状態空間における軌道の変化に関する特徴量である．アトラクターにおけ
る各点を時間の順序でつないでいく過程の性質を記述する．次元と Lyapunov
指数は異なる概念であるが，両者の間には，Lyapunov 次元という概念を通し
て，一定の関係があると予想されている．これについては後述する．

　Lyapunov 指数は，初期条件における無限小の違いが時間の経過にしたがっ
てどのくらいの速さで増幅されるか測る量である．Lyapunov 指数を定義する

ために，D 次元の状態空間あるいは埋め込み空間に置かれた無限小球を考えよう．初期時刻における無限小球の半径を $r(0)$ とする．時間が経過すると，この小球はダイナミックスにしたがって複雑に変形するだろう．しかし，初期時刻から非常に短い期間内で小球を観察すると，ある方向には膨らみ，別の方向には縮むであろう．また，別の方向では，膨らむことも縮むこともないかも知れない．その結果，小球は小さな楕円体に変形するだろう．小球が膨らむ方向はダイナミックスの不安定な方向，縮む方向は安定な方向に一致する．楕円体の最長主軸の長さを $r_1(t)$ と表し，以下，各主軸を長さの大きい順に $r_2(t), \ldots, r_D(t)$ とする．第 i 番目の主軸長を $r_i(t)$ で表すと，その軸に平行な方向の Lyapunov 指数 λ_i は

$$\lambda_i = \lim_{t \to \infty} \frac{1}{t} \log \frac{r_i(t)}{r(0)} \tag{3.33}$$

と定義される．Lyapunov 指数はその値に応じて順序付けられる．

$$\lambda_1 \geq \lambda_2 \geq \ldots \geq \lambda_D.$$

$\{\lambda_1, \ldots, \lambda_D\}$ を **Lyapunov スペクトル**（Lyapunov spectrum）という．λ_1 は**最大 Lyapunov 指数**（maximum Lyapunov exponent）と呼ばれる．$\lambda_i > 0$ ならば，その方向に生じた変動は，時間の経過にともなって指数関数的に成長する．これは，ダイナミックスの不安性を意味し，予測不可能性というカオス過程の特徴の源泉となる．したがって，動的挙動がカオスを表す条件は $\lambda_1 > 0$ である．λ_1 は第 1 の主軸方向で無限小の距離が増加する速度，$\lambda_1 + \lambda_2$ は，第 1 および第 2 の主軸が張る平面内で無限小の面積が増加する速度を表している．D 次元空間における無限小の体積の変化率は $\sum_{i=1}^{D} \lambda_i$ で与えられる．

　Lyapunov スペクトルを推定するアルゴリズムの基本的な考え方を理解するために，離散時間で表されるダイナミックス

$$\boldsymbol{x}(t+1) = F[\boldsymbol{x}(t)]$$

を考える．$\boldsymbol{x}(t)$ に変動 $\boldsymbol{e}(t)$ が加えられたとしよう．$\boldsymbol{e}(t)$ が十分に小さいならば，

$$\boldsymbol{x}(t+1) + \boldsymbol{e}(t+1) = F[\boldsymbol{x}(t)] + DF[\boldsymbol{x}(t)] \cdot \boldsymbol{e}(t)$$

である．$DF[\boldsymbol{x}(t)]$ は $\boldsymbol{x}(t)$ における F のヤコビ行列（Jacobian matrix）を表す．これは，

$$\boldsymbol{e}(t+1) = DF[\boldsymbol{x}(t)] \cdot \boldsymbol{e}(t)$$

と書き換えられる．離散時間の発展を $t \to 1$ まで戻り，

$$\boldsymbol{e}(t+1) = DF[\boldsymbol{x}(t)] \cdot DF[\boldsymbol{x}(t-1)] \cdots DF[\boldsymbol{x}(1)] \cdot \boldsymbol{e}(1) \tag{3.34}$$

$$= DF^t[\boldsymbol{x}(1)] \cdot \boldsymbol{e}(1) \tag{3.35}$$

と表す. $DF^t(\boldsymbol{x})$ とその転置行列 $[DF^t(\boldsymbol{x})]^T$ の積で表される行列

$$\lim_{t \to \infty} \left[DF^t(\boldsymbol{x}) \cdot \left(DF^t(\boldsymbol{x}) \right)^T \right]^{1/2t}$$

は, $\boldsymbol{x}$ に依存することなく, 固有値

$$\exp(\lambda_1), \ldots, \exp(\lambda_D)$$

を持つことが知られている[152]. この事実をもとにして, Lyapunov 指数の計算方法を構成することができる. $L_i = \exp(\lambda_i)$ は **Lyapunov 数**（Lyapunov numbers）と呼ばれる.

次元と Lyapunov 指数を結ぶと予想されている関係を示そう[35]. 次元の定義と同様に, 埋め込み空間を ϵ の間隔で分割して生じる細胞でアトラクターを覆う. アトラクター上の微小体積は, 時間の経過とともに, Lyapunov 指数に対応する各方向に沿って伸びたり縮んだりして変形するだろう. 各方向における単位時間当たりの変化は, Lyapunov 数 $L_i = \exp(\lambda_i)$ に一致する. アトラクターの微小部分は, $L_i < 1$ の方向では ϵ の大きさの細胞で覆われるが, $L_i > 1$ の方向では ϵ の大きさの細胞が多数必要となるだろう. 新しい細胞の一辺の大きさを $C\epsilon$ とすると, D 次元の埋め込み空間において, アトラクターを覆うのに必要な細胞の総数, $N(\epsilon)$ と $N(C\epsilon)$ との間には,

$$N(C\epsilon) = N(\epsilon) \prod_{i=1}^{D} \max \left(\frac{L_i}{C}, 1 \right) \tag{3.36}$$

が成り立つだろう. アトラクターの次元 D_a は $N(\epsilon)$ と

$$N(\epsilon) \propto \epsilon^{-D_a}$$

のような関係にあるから,

$$\frac{N(C\epsilon)}{N(\epsilon)} = C^{-D_a} \tag{3.37}$$

と書くことができる. この関係から, 次元 D_L の定義を得る.

$$D_L = -\frac{\log \prod_{i=1}^{D} \max \left(\frac{L_i}{C}, 1 \right)}{\log C}. \tag{3.38}$$

ここで, $C = L_{d+1}$ とおくと,

$$\begin{aligned}
D_L &= -\frac{\log \prod_{i=1}^{d} \frac{L_i}{L_{d+1}}}{\log L_{d+1}} \\
&= d - \frac{\sum_{i=1}^{d} \lambda_i}{\lambda_{d+1}} \tag{3.39}
\end{aligned}$$

が得られる. D_L の差分を ΔD_L とすると,

$$\Delta D_L = \left(d + 1 - \frac{\sum_{i=1}^{d+1} \lambda_i}{\lambda_{d+2}} \right) - \left(d - \frac{\sum_{i=1}^{d} \lambda_i}{\lambda_{d+1}} \right)$$

$$= \frac{|\lambda_{d+2}| - |\lambda_{d+1}|}{|\lambda_{d+2}|} \left(1 - \frac{\sum_{i=1}^{d} \lambda_i}{|\lambda_{d+1}|} \right) \tag{3.40}$$

である．$\lambda_{d+1} < 0$, $\lambda_{d+2} < 0$ ならば，$|\lambda_{d+1}| < |\lambda_{d+2}|$ であるから，

$$\frac{|\lambda_{d+2}| - |\lambda_{d+1}|}{|\lambda_{d+2}|} > 0$$

となる．また，$\sum_{i=1}^{d} \lambda_i > |\lambda_{d+1}|$ ならば，

$$1 - \frac{\sum_{i=1}^{d} \lambda_i}{|\lambda_{d+1}|} < 0$$

である．このとき，$\Delta D_L < 0$ となる．したがって，

$$\sum_{i=1}^{d} \lambda_i > 0, \tag{3.41}$$

$$\sum_{i=1}^{d+1} \lambda_i < 0 \tag{3.42}$$

を満たす d を選ぶと，D_L は最小値を取る．このような d で定義される

$$D_L = d - \frac{\sum_{i=1}^{d} \lambda_i}{\lambda_{d+1}} \tag{3.43}$$

$$= d + \frac{\sum_{i=1}^{d} \lambda_i}{|\lambda_{d+1}|} \tag{3.44}$$

を **Lyapunov 次元**（Lyapunov dimension）と呼ぶ．次元は，埋め込み空間における点の分布に関連して定義される量であるが，ダイナミックスによる微小体積の変形を考慮することによって，Lyapunov 指数と一定の関係を持つことが明らかにされた．Lyapunov 指数は情報損失の速度を反映するので，Lyapunov 次元 D_L は情報次元 D_1 に等価であると予想されている．

　二重拡散対流を記述する連続時間力学系 [223] の対流強さ X の Lapunov 次元を図 3.29 に示しておこう．ここで，E は多孔質媒体内の空隙率を表す．Lorenz カオス（$(\sigma, R, b) = (10, 28, 8/3)$）の Lapunov 次元は，$D_L \approx 2.06$ であることが知られている．E が小さいとき，X のダイナミックスは Lorenz カオスとほぼ等価である．E が増加するにつれて，D_L は緩やかに増加しており，X のダイナミックスは複雑化する．この問題は，複雑ネットワークに関する第 6 章で再び触れる．

3.10　Lyapunov スペクトルの推定

　時系列データから Lyapunov 指数を推定する信頼性の高い方法に，佐野と澤

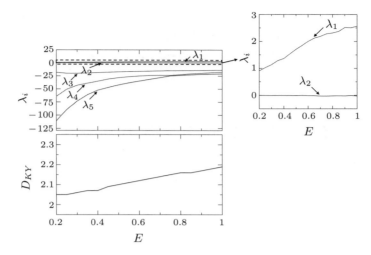

図 3.29　二重拡散対流の対流強さ X の Lapunov 次元 [223].

田により開発された推定アルゴリズムがある [178]. その概要を述べよう. データの分散に比べて十分に小さい定数 r を決める. 記述を簡単にするために, 埋め込みの時差を $T = 1$ とする. 時系列から再構成されたベクトル $\boldsymbol{x}(j)$ の r 近傍にあるベクトル $\boldsymbol{x}[k(i)]$ を Q 個見つける $(i = 1, \ldots, Q)$. D 次元の埋め込み空間では $Q \geq D$ とする. 差分ベクトル

$$\boldsymbol{y}_i = \boldsymbol{x}[k(i)] - \boldsymbol{x}(j) \tag{3.45}$$

について, あまり大きくない適当な時間推進 m のもとで $\boldsymbol{x}(j+m), \boldsymbol{x}[k(i)+m]$ を決め, $\boldsymbol{y}_{i+m}$ を求める. r が十分に小さいならば,

$$\boldsymbol{y}_{i+m} = A_j \boldsymbol{y}_i \tag{3.46}$$

が近似的に成立する. $A_j = (a^j_{\mu\nu})$ は $D \times D$ 行列である. A_j は

$$E = \frac{1}{Q} \sum_{i=1}^{Q} |\, \boldsymbol{y}_{i+m} - A_j \boldsymbol{y}_i \,|^2 \tag{3.47}$$

を評価汎関数とする最小 2 乗近似により決定される. 時間推進 m のもとで, 新しい $\boldsymbol{x}(j)$ を次々に生成する. こうして得た十分に多数の M 個の $\boldsymbol{x}(j)$ について A_j を求めることができる. 各 $\boldsymbol{x}(j)$ に対して, 適当な基底の組 $\{\boldsymbol{e}_{j(q)}\}$ $(q = 1, \ldots, D)$ を選択し, $A_j \boldsymbol{e}_{j(q)}$ を計算する. $A_j \boldsymbol{e}_{j(q)}$ を Gram–Schmidt (グラム–シュミット) 法で正規直交化する. これらの結果から, Lyapunov 指数 λ_q は

$$\lambda_q = \frac{1}{Mm\Delta t} \sum_{j=1}^{M} \log |\, A_j \boldsymbol{e}_{j(q)} \,| \tag{3.48}$$

のように推定される. Δt は時系列のサンプリング時間である. 時差 $T > 1$ の

埋め込みでは，Δt を $T\Delta t$ に置き換えるとよい．**Sano–Sawada**（佐野–澤田）アルゴリズムは Lyapunov スペクトルを推定するための強力な手法である．しかしながら，大量のデータが必要である．また，データが観測ノイズに汚染されている場合には，正確な推定は困難となる．

3.11　最大 Lyapunov 指数の推定

複雑な挙動のカオス性を検証することが目的であるならば，Lyapunov スペクトルをすべて計算する必要はなく，最大 Lyapunov 指数が正値であることを示せばよい．

Sugihara（スギハラ）と May（メイ）は，最大 Lyapunov 指数の正値性を検証する強力な手法を開発した[191]．この方法は，カオス過程における予測可能性の崩壊に着目したものである．Sano–Sawada アルゴリズムほど大量のデータを必要とせず，また，データのノイズ汚染にも影響されにくい．そのため，多くの研究者に受け入れられた．1990 年代のカオス研究における最も注目すべき研究成果の一つである．この節では，Sugihara–May アルゴリズムの概要を示そう．

決定論的痕跡が残存するような短い時間スケールでカオス過程を眺めると，動的挙動の将来についてある程度の予測可能性が存在する．つまり，過去から現在に至るまでの変動と，現在から $\tau T\Delta t$ 離れた未来における変動との間にある程度の因果関係が観測される．τ 時間ステップ後の予測値を $\hat{x}(t+\tau T)$ と表すと，この因果関係は

$$\hat{x}(t+\tau T) = \hat{F}_\tau\,[\boldsymbol{x}(t)], \tag{3.49}$$

$$\boldsymbol{x}(t) = (x(t), x(t-T), \ldots, x(t-(D-1)T)) \tag{3.50}$$

によって捉えることができる．$\hat{F}_\tau$ はダイナミックスを近似する関数で，時系列データから帰納的に決定される．カオス過程の場合には，$\hat{F}_\tau$ は非線形関数となる．時系列データから非線形ダイナミックスを再現する手法は，第 4 章で詳しく述べる．この節では，適当な方法によって $\hat{F}_\tau$ が決定されているものと仮定しよう．また，記述を簡単にするために，埋め込みの時差を $T=1$ とする．$x(t+\tau)$ は，$\boldsymbol{x}(t)$ と 1 時間ステップ後の値 $x(t+1)$，即ち，最近未来における値との間の関数関係

$$\hat{x}(t+1) = \hat{F}_1\,[\boldsymbol{x}(t)] \tag{3.51}$$

を τ 回繰り返すことによって，つまり，式（3.51）の出力値を入力ベクトルの成分に戻す操作を τ 回繰り返すことによって，予測することもできる．これを

$$\hat{x}(t+\tau) = \hat{F}_1^\tau\,[\boldsymbol{x}(t)] \tag{3.52}$$

と書く．式（3.49）で表される予測方法を**直接予測**（direct forecasting），式

（3.52）で表される予測方法を**反復予測**（iterative forecasting）と呼ぶ．カオス過程では，予測時間が増加するにつれて予測可能性が急速に崩壊するから，反復予測の方が良い予測精度が得られると信じられている．

式（3.49）あるいは式（3.52）によって予測値を求め，実測値と比較して予測誤差 $\epsilon(\tau)$ を求める．例えば，予測値と実測値の平均 2 乗平方根誤差を実測値の標準偏差 $\hat{\sigma}$ で規格化した値

$$\epsilon(\tau) = \frac{1}{\hat{\sigma}} \sqrt{\frac{1}{N_p} \sum_{i=1}^{N_p} \left(x(t_i + \tau) - \hat{x}(t_i + \tau)\right)^2} \qquad (3.53)$$

によって予測誤差を表す．N_p は予測点数である．$\epsilon(\tau) = 1$ ならば，予測値は実測値の平均値と同程度の意義しか持たないという意味で，予測は不完全である．

$\epsilon(\tau)$ を予測時間 τ の関数と見なすと，カオス過程の短期予測において

$$\epsilon(\tau) = \epsilon(1) \exp\left[\lambda(\tau - 1)\right] \qquad (3.54)$$

が成り立つ [58]．埋め込み空間において初期時刻に近接した位置にある二つの軌道を考えよう．軌道間の距離を表す線分は，時間の経過につれて指数関数的に増大するだろう．予測誤差は軌道間の距離に対応するから，式（3.54）における λ は，最大 Lyapunov 指数 λ_1 に近似的に等しい．したがって，$\log[\epsilon(\tau)/\epsilon(1)]$ を $\tau - 1$ に対してプロットし，その傾きを求めると，最大 Lyapunov 指数が正値かどうか簡便に判定することができる．

時系列予測に基づく最大 Lyapunov 指数の推定方法は，カオスと非整数ブラウン運動とを区別するための簡単なアルゴリズムに発展させることができる [139], [207], [219]．非整数ブラウン運動を表す時系列について，予測を行ない，$\epsilon(\tau)$ によって予測誤差を表すと，

$$\epsilon(\tau) = \sqrt{\frac{1}{N_p} \sum_{i=1}^{N_p} \left(x(t_i + \tau) - \hat{x}(t_i + \tau)\right)^2}$$

$$\approx \tau^{\hat{H}} \sqrt{\frac{1}{N_p} \sum_{i=1}^{N_p} \left(x(t_i + 1) - \hat{x}(t_i + 1)\right)^2}$$

$$= \tau^{\hat{H}} \epsilon(1) \qquad (3.55)$$

と表される関係が近似的に成り立つであろう．$\hat{H}$ は Hurst 指数に近似的に等しい．したがって，$\log[\epsilon(\tau)/\epsilon(1)]$ を $\log \tau$ に対してプロットし，その傾きを求めると，Hurst 指数の近似値が得られる．

式（3.54）と式（3.55）の関係を利用して，カオスと非整数ブラウン運動を識別することができる．この確率過程は，データ点間に存在する強い自己相関のために，ある程度短期予測可能に見えるが，短期予測可能性の質的内容，即

ち，予測時間に対する予測誤差のスケーリング性がカオスとは異なる．予測誤差と予測時間について，片対数プロットと両対数プロットを作成し，どちらのプロットがより良い線形相関を示すか調べると，時系列がカオス過程か非整数ブラウン運動か識別できる．最大 Lyapunov 指数，あるいは，Hurst 指数の近似値は，プロットの勾配値として求められる．この方法の顕著な長所は，僅か数百点程度の少量のデータからも有意義な情報を引き出せることにある．また，関数近似を利用して予測を行なうので，観測ノイズを含む時系列データに対しても有効に機能する．実データに対する運用事例は，非線形予測法とともに第4章で論じる．

3.12　サロゲート法

　この章では，カオスダイナミックスの特徴量の推定について論じてきた．これらの特徴量は，通常，観測された 1 本の時系列から求められる．1 本の時系列から推定された次元や Lyapunov 指数，あるいは，これらに関連した特徴量の推定値は，ダイナミックスの性質をどの程度忠実に反映しているのだろうか．1 本の時系列から推定される特徴量の信頼性区間を評価することは難しく，推定精度を知ることは容易ではない．しかしながら，統計検定法を巧みに利用してこの問題の解決を試みるのが，**サロゲート法**（surrogate method）である [120], [166], [183], [185], [196]〜[198], [205]．サロゲート法は計算コストが大きいのが難点ではあるが，最近は高性能のコンピュータを安価に入手できるので，たいていの運用において支障はないだろう．

　統計検定法の一手法である **t 検定法**（t-statistical test）の概略を説明しよう．ある確率変数 x のすべての実現値の集合を**母集団**（population ensemble あるいは population set）という．母集団のデータをすべて入手して分析することは一般に不可能であり（身近な例としては血液検査が挙げられる，血液をすべて抜き取ることはできない），実際には，母集団から抽出された一部のデータ，即ち，サンプルデータを統計分析することになる．サンプルデータの集合を**サンプル集団**（sample ensemble あるいは sample set）と呼ぶ．サンプルデータの抽出は無作為に行われなければならない（**無作為抽出，random sampling**）．無作為抽出でなければ，サンプルデータに偏り（bias）が生じる．その結果，統計分析は母集団の性質からの偏りを回避できず，誤った結論が導びかれる．

　確率変数 x の実現値（有界な実数とする）に関する N 個のサンプルデータ $\{x_i\}_{i=1}^{N}$ が与えられているとしよう．ただし，データは無作為抽出されている．サンプルデータに関する平均値と分散，即ち，**サンプル平均**（sample mean）と**サンプル分散**（sample variance）を，それぞれ，$\bar{x}$ および $\bar{\sigma}^2$ と表す．

$$\bar{x} = \frac{1}{N} \sum_{i=1}^{N} x_i, \tag{3.56}$$

$$\bar{\sigma}^2 = \frac{1}{N} \sum_{i=1}^{N} (x_i - \bar{x})^2. \tag{3.57}$$

これらに対応して，母集団に属するすべてのデータに関する平均値（**母平均**（population mean））と分散（**母分散**（population variance）），を，それぞれ，μ および σ^2 と表す．母集団のデータついて平均値を求める演算を $E[\cdot]$ を表記すると，

$$\mu = E[x], \tag{3.58}$$
$$\sigma^2 = E[(x - \mu)^2] \tag{3.59}$$

である.

$\{x_i\}_{i=1}^{N}$ の測定と $\bar{x}$ の計算を何度も行い，母集団のすべてのデータを抽出し尽くした極限を考えよう．このとき，$\bar{x}$ の母平均は

$$\begin{aligned} E[\bar{x}] &= E\left[\frac{1}{N} \sum_{i=1}^{N} x_i\right] \\ &= \frac{1}{N} \sum_{i=1}^{N} E[x_i] \\ &= \frac{1}{N} N\mu \\ &= \mu \end{aligned} \tag{3.60}$$

により，μ に一致する．この結果は**大数法則**（law of large number）と呼ばれる．

$\bar{x}$ が μ の周辺でどのように分布するか調べてみよう．

$$\begin{aligned} E[(\bar{x} - \mu)^2] &= E\left[(\frac{1}{N} \sum_{i=1}^{N} x_i - \mu)^2\right] \\ &= \frac{1}{N^2} E\left[\left(\sum_{i=1}^{N} (x_i - \mu)\right)^2\right] \\ &= \frac{\sigma^2}{N}. \end{aligned} \tag{3.61}$$

ただし，x_i と x_j は同じ確率密度関数に従って分布し，$i \neq j$ ならば，x_i と x_j の測定は互いに無相関であると仮定されている．即ち，

$$E[(x_i - \mu)(x_j - \mu)] = 0 \ \text{ if } i \neq j \tag{3.62}$$

が成り立つと仮定する．式（3.60）と式（3.61）は**中心極限定理**（central limit theorem）と呼ばれる統計法則の内容を表している．つまり，確率変数の実現値

が独立同一分布に従うならば，データ数 N が増えるにつれて，即ち，$N \to \infty$ の極限において，$\bar{x}$ は平均値 μ，分散 σ^2/N の正規分布に従って分布する．ここで，$\sigma/\sqrt{N}$ を**標準誤差**（standard error）と呼ぶ．

式（3.62）が成り立つという条件下では，$\bar{x}$ は中心極限定理に従うので，正規分布の中心，即ち，μ の両側に，それぞれ，標準偏差の z 倍の幅を取ると，サンプル平均 $\bar{x}$ はこの幅で μ の左右を覆った区間内に一定の確率で分布する．この場合，正規分布の標準偏差は標準誤差で与えられるから，

$$\mu - z\frac{\sigma}{\sqrt{N}} \leq \bar{x} \leq \mu + z\frac{\sigma}{\sqrt{N}}$$

である．この不等式を μ について書き換えると，

$$\bar{x} - z\frac{\sigma}{\sqrt{N}} \leq \mu \leq \bar{x} + z\frac{\sigma}{\sqrt{N}} \tag{3.63}$$

を得る．区間 $[\bar{x} - z\sigma/\sqrt{N},\ \bar{x} + z\sigma/\sqrt{N})]$ を μ の**信頼性区間**（confidence interval）と呼ぶ．例えば，$z = 2$ と置くと，正規分布の性質に従って，およそ 95% の確率で μ はこの区間内にある．言い換えると，μ がこの区間にはなく，左側の区間外 $\mu < \bar{x} - z\sigma/\sqrt{N}$ あるいは右側の区間外 $\mu > \bar{x} + z\sigma/\sqrt{N}$ に存在する確率は 5% 程度ある．この状況に対応して，区間 $[\bar{x} - z\sigma/\sqrt{N},\ \bar{x} + z\sigma/\sqrt{N}]$ を両側 5% 信頼性区間と呼ぶ．95% という比較的高い確信の下でこの区間内に μ があると言えるものの，この確信が破られるリスクが 5% 存在するという意味である．

式（3.63）は概念的には明解だが，実際には，母分散 σ がわからないので有用とは言えない．そこで，サンプル集団から区間幅を計算できるように式（3.63）を変更することを考えよう．正規分布は無限個の（実数）データに関する統計分布（確率密度関数）を模型化した統計分布モデルであるから，サンプルデータ数が増えるにつれて正規分布に漸近するような統計分布モデルがあれば便利である．**t 分布**はこのような要請を満たす統計分布モデルである．t 分布の確率密度関数 $p(t)$ は次式で定義され，$N \to \infty$ の極限でガウス関数に漸近する．定義域 $-\infty < t < \infty$ において

$$p(t) = \frac{1}{\sqrt{N} B\left(\frac{N}{2}, \frac{1}{2}\right)} \left(1 + \frac{t^2}{N}\right)^{-\frac{N+1}{2}} \tag{3.64}$$

であり，N に陽に依存する．ただし，B はベータ関数であり，

$$B(a, b) = \int_0^1 x^{a-1}(1-x)^{b-1}dx \tag{3.65}$$

と定義される．式（3.64）で定義される $p(t)$ はゼロを中心として左右対称に広がる単峰関数であり（$t \to \pm\infty$ において $p(t) \to 0$），ゼロを中心値とするガウス関数における $\pm z$ の幅の信頼性区間に対応して，$\pm t$ の信頼性区間を与える．t 分布を利用して信頼性区間を書き換えよう．

$$\bar{x} - t\frac{\bar{\sigma}}{\sqrt{N}} \leq \mu \leq \bar{x} + t\frac{\bar{\sigma}}{\sqrt{N}}. \tag{3.66}$$

不等式（3.66）では，母標準誤差 $\sigma/\sqrt{N}$ がサンプル標準誤差 $\bar{\sigma}/\sqrt{N}$ に置き換えられている．この不等式を利用してサンプル集団から信頼性区間を推定することができる．例えば，両側 5% 信頼性区間を推定する場合には，データ数 N の下で，区間の内側に μ が存在する確率が 95% になるように式（3.64）から t 値を決める．しかしながら，式（3.64）を統計検定の度に数値積分することは実用的ではない．統計学に関する標準的著書（例えば，[26]）には t 値の数値積分表が記されているので，これを利用するとよい．文献 [26] に記されている t 値表によると，$N = 40$ の場合には，片側 2.5% 信頼性区間に対応する t 値は $t_{0.025} = 2.021$ であるから，式（3.66）に $t = 2.021$ を代入するとよい．これは両側 5% 信頼性水準における t 検定と呼ばれる．

　上に述べた知見を利用して，サンプル集団がどのような性質を持つ母集団に由来するか，統計的に調べることができる．これを**統計検定法**（statistical test）と呼ぶ．統計検定法は背理法に似ている．サンプル集団が由来すると仮定される母集団の平均値，即ち，仮説上の母平均を μ_0 とする．μ_0 を**帰無仮説**（null hypothesis）と呼ぶ．サンプルデータから計算される $\bar{x}$ が μ_0 からどの程度かけ離れているか評価するために，サンプルデータに関する t 値として

$$\hat{t} = \frac{|\bar{x} - \mu_0|}{\frac{\bar{\sigma}}{\sqrt{N}}} \tag{3.67}$$

を計算する．式（3.67）は，$\bar{x}$ が μ_0 に対して負の側に離れているか正の側に離れているかを問わないので，両側検定における t 値と呼ばれる．例えば，両側 5% 信頼性水準での統計検定について考えよう．両側 5% 信頼性区間の端点に対応する t 値は，データ数 N を参考にして t 値表から求めることができる．これを $t_{0.05}$ と表記する．先に述べたように $N = 40$ の両側検定では $t_{0.05} = 2.021$ である．$\hat{t}$ と $t_{0.05}$ を比較する．$\hat{t} > t_{0.05}$ ならば，$\bar{x}$ は μ_0 に対して 95% の確率で確信される信頼性区間の外側に存在すると解釈できる．このような事態は稀な出来事であるから，$\bar{x}$ は μ_0 に対応する母集団に由来するとは考えにくい．こうして，サンプル集団が属すると期待された母集団の仮説 μ_0 は 95% の確信の下で**棄却**（reject）される．棄却できなければ，帰無仮説を受容（accept）せざるを得ない．これが統計検定法の概要である．

　サロゲート法は統計検定法に基づく時系列解析方法である．経済時系列や長期間にわたる気象データのように，再測定が不可能なデータを扱う場合には特に有用である．サロゲート法では，まず最初に，時系列を生み出すダイナミクスの性質に関して帰無仮説を設定する．典型的な帰無仮説は，"不規則な変動は，自己回帰過程を駆動する無限自由度のランダムノイズ（確率過程）に相当し，カオス過程ではない" という仮説である．これを仮説 H_0 と略記しよう．次に，観測された時系列データ（オリジナル時系列）から，帰無仮説のダイナミッ

クスによる別の実現結果としての時系列データを合成する．合成されたデータをサロゲート時系列と呼ぶ．これは，帰無仮説のダイナミックスの下で再測定されたデータであると考えればよい．ただし，オリジナル時系列とサロゲート時系列は，帰無仮説が規定する統計的性質を共有していなければならない．仮説 H_0 の場合，サロゲート時系列は，以下のようにして合成される．最初にオリジナル時系列を Fourier 変換する．

$$\tilde{x}(f) = \int_{-\infty}^{\infty} x(t) \exp(-2\pi i f t) dt. \tag{3.68}$$

$|\tilde{x}(f)|^2$ はオリジナル時系列のパワースペクトル密度を表す．次に，一様（疑似）乱数 $\delta_f \in [0, 1]$ を作成して，$\exp(2\pi i \delta_f)$ を $\tilde{x}(f)$ に掛ける．最後に，$\tilde{x}(f) \exp(2\pi i \delta_f)$ を逆 Fourier 変換すると時系列 $\{y(t)\}$ に戻る．

$$y(t) = \int_{-\infty}^{\infty} \tilde{x}(f) \exp\left[2\pi i (ft + \delta_f)\right] df. \tag{3.69}$$

オリジナル時系列 $\{x(t)\}$ とサロゲート時系列 $\{y(t)\}$ とは同じパワースペクトルを持つ．

$$|\tilde{x}(f)|^2 = |\tilde{x}(f) \exp(2\pi i \delta_f)|^2.$$

パワースペクトルは自己相関関数を Fourier 変換して得られるから，サロゲート時系列はオリジナル時系列の自己相関を保存するとも言える．ところが，サロゲート時系列を合成する際に一様乱数を掛けているので，オリジナル時系列の不規則変動成分における決定論的側面は，完全に破壊されている．したがって，オリジナル時系列がカオスであったとしても，サロゲート時系列はもはやカオスではない．

　パワースペクトルと分布関数の両方がオリジナル時系列と一致するようなサロゲート時系列を合成したければ，次のような操作を実行すればよい．最初にパワースペクトルを保存するサロゲート時系列 $\{y(t)\}$ を合成する．$y(t)$ を最大値から最小値に至るまで順位を付け，順位からなる時系列を $\{R(t)\}$ とする．最後に，$\{R(t)\}$ を再現するようにオリジナル時系列 $\{x(t)\}$ の各値を時間軸上で並べ替え，新しいサロゲート時系列 $\{z(t)\}$ とする．$\{z(t)\}$ が求めるサロゲート時系列である．

　一様乱数をたくさん用意すれば，サロゲート時系列を多数合成できる．S 本のサロゲート時系列を作成したとしよう．オリジナル時系列とすべてのサロゲート時系列について，次元，Lyapunov 指数，並進誤差，予測誤差等の特徴量を求める．オリジナル時系列の統計量を E_o，サロゲート時系列の統計量を E_s とする．E_o が E_s からどのくらいかけ離れているかは，t 検定のような統計検定法を用いて評価することができる．

$$\hat{t} = \frac{|\,\bar{E}_s - E_o\,|}{\frac{\bar{\sigma}_s}{\sqrt{S}}}. \tag{3.70}$$

ただし，$\bar{E}_s$ は E_s のサンプル平均値，$\bar{\sigma}_s$ は E_s のサンプル標準偏差である（$\bar{\sigma}_s/\sqrt{S}$ は E_s のサンプル標準誤差である）．$\hat{t}$ 値が，サロゲート時系列の本数 S に依存して決まる閾値 t_c を越えるならば，E_o は $\bar{E}_s$ の信頼性区間（confidence interval）の外側にあるという意味で，オリジナル時系列の統計量は仮説 H_0 のもとでは実現しそうにないと解釈される．例えば，$S=40$ の場合，$t_c = t_{0.05} = 2.021$ ならば，両側 5% 信頼性水準において，オリジナル時系列の統計量は仮説 H_0 のもとで実現しそうにないと言える．推定した統計量が正規分布する（中心極限定理に従う）確信がなければ次のような検定を実行すればよい．サロゲート時系列を 40 本合成し，すべての時系列について解析を行ない，統計量を計算する．E_o と E_s を小さいものから順に並べる．もし E_o が上位 2 番目以内か，あるいは，下位 2 番目以内にあれば，5% 信頼性水準でオリジナル時系列の統計量は仮説 H_0 のもとでは実現しそうにないと解釈できる．こうして帰無仮説を棄却すべきかどうか判定する．もし棄却できなければ，帰無仮説を受容せざるを得ないから，オリジナル時系列のカオス性を主張することは留保しなければならない．

　サロゲート法の運用事例を示そう．図 3.30 は，1996 年 5 月 14 日を起点として 1024 日間の株式市場営業日における TOPIX（東証株価指数）終値からなる時系列である．不規則に変動する TOPIX 時系列がカオス過程かどうか，サロゲート法によって調べよう．"TOPIX は無限自由度の確率過程である" という帰無仮説のもとで，パワースペクトルとヒストグラムの両方を保存するサロゲート時系列を 40 本合成する．サロゲート時系列の 1 例を図 3.31 に示す．すべての時系列について Wayland テストを行ない（図 3.32），並進誤差の中間値を求めた．ただし，並進誤差の計算条件は，

$$M = 80, \quad K = 4, \quad \tau = 5, \quad T = 5, \quad Q = 10$$

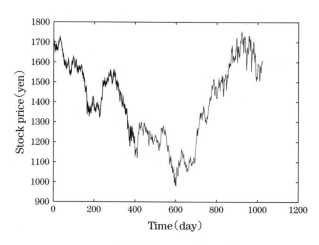

図 3.30　1996 年 5 月 14 日以降 1024 日間の株式市場営業日における TOPIX.

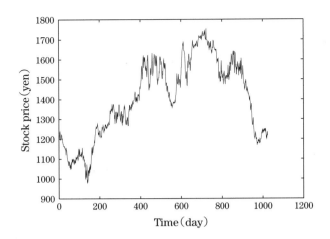

図 3.31　TOPIX に関するサロゲート時系列の例.

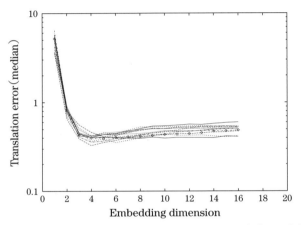

図 3.32　TOPIX の Wayland テスト結果.　◇ はオリジナル時系列, 実線と破線群は
サロゲート時系列に対応する.

である.　$D = 5$ における推定値の t 検定結果は

$$\hat{t} = 1.746 < t_{0.05}, \quad t_{0.05} = 2.021$$

であり, 帰無仮説を棄却することはできない.　したがって, TOPIX がカオス
過程を表すという主張は留保しなければならない.

　次の適用事例は音声時系列である.　日本語母音は不規則な音圧変動を含んで
いる.　不規則音声成分はパワースペクトルの連続帯構造を構成する.　音声のダ
イナミックスが非線形性を持つかどうかサロゲート法で調べよう [140], [144], [203].
時系列データとして, ATR (国際電気通信基礎研究所) データベースに保存さ
れている日本語母音データを利用する.　データ番号 mausy003 で識別される
日本人男性による母音 /a/ の時系列データを図 3.33 に示す.　この音声データ
は, 遮断周波数 8 kHz の低周波数遮断フィルターを用いて, サンプリング周波

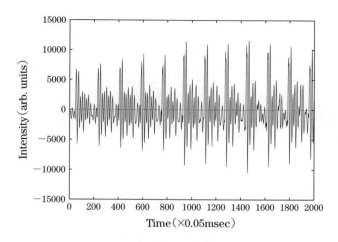

図 3.33　男性の日本語母音 /a/.

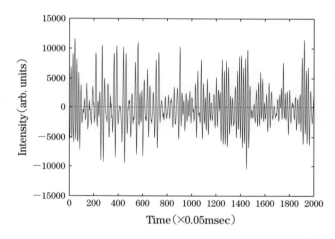

図 3.34　日本語母音 /a/ のサロゲート時系列.

数 20 kHz，16 ビットの量子化分解能のもとで記録されたものである．データ点数は 2048 点である．前例と同様に，"音声に含まれる不規則変動成分は，自己回帰過程を駆動する無限自由度の確率過程を表す"という帰無仮説のもとで，パワースペクトルとヒストグラムの両方を保存するサロゲート時系列を 40 本合成する．サロゲート時系列の 1 例を図 3.34 に示す．すべての時系列について Wayland テストを行ない（図 3.35），並進誤差の中間値を求めた．ただし，並進誤差の計算条件は，

$$M = 301, \quad K = 4, \quad \tau = 5, \quad T = 10, \quad Q = 20$$

である．$D = 8$ に推定値の t 検定結果は

$$\hat{t} = 52.10 > t_{0.05}, \quad t_{0.05} = 2.021$$

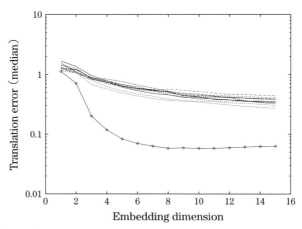

図 3.35　日本語母音 /a/ の Wayland テスト結果.　◇ はオリジナル時系列,　実線と
　　　　　破線群はサロゲート時系列に対応する.

となった.　帰無仮説は 両側 5% 以上の信頼性水準で棄却される.　母音に含まれ
る不規則変動成分は,　非線形ダイナミックスによって生じるカオス過程を表す
可能性がある [204].

第 4 章
情報エントロピーとカオス

　データ圧縮やデータ通信を取り扱う情報理論は，統計力学や確率論への重要な寄与とともに発展してきた．Boltzmann（ボルツマン）の統計熱力学的エントロピーと関わりのある Shannon（シャノン）エントロピーは情報理論の中心的概念である．記号力学や複雑ネットワークの著しい体系化に伴い，「乱雑さ」もしくは「予測不能性」の目安であるエントロピーにはさまざまなものが提案されている．この章では，情報エントロピーと一般化エントロピーの基本的な考え方を解説する．そして，記号力学の考え方を取り入れた情報エントロピーとして，順列エントロピーに焦点を当て，その有用性を解説する．さらに，Jensen–Shannon（ジェンセン–シャノン）divergence に着目した複雑さ解析の有用性についても解説する．

4.1　情報エントロピー

　私たちの日常生活では，何らかの媒体を通じて，情報を受け取る．例えば，ニュースからある情報を得たとき，情報量を多く受け取ったと感じることがあれば，少ないと感じることもある．多くの情報量を受け取ったと感じるのは，めったに起きない事象が生じたときである．少ない情報量を受け取ったと感じるのは，起きやすい事象が生じたときである．

「化学プラントで大規模火災が起きた．」
「飲食店で火事が起きた．」

この二つの事象を比較すると，前者の方が後者よりも起きにくい．そのため，驚きの度合いが大きいと感じ，受け取る情報量を多く感じるのは前者である．「起きやすさ」を「確率」と置き換えることで，**情報量**（information content）を確率と結びつけることができる．ある事象 A の生起を知ることで受け取る情報量 $I(A)$ は，確率 $P(A)$ を用いて，

$$I(A) = -\log_a P(A) \tag{4.1}$$

で与えられる。この情報量を事象 A の**自己情報量**（self-information）という。対数の底 a を自然対数 e とすると，$I(A)$ の単位は nat となる。$b = 2$ とすると，$I(A)$ の単位は bit となる。データ通信の分野では，2 元符号が用いられることが多く，$b = 2$ となる。

$P(A) = 1$ のとき，$I(A) = 0$ となる。つまり，必ず生じる A から得られる情報量は最小である。$P(A)$ が小さいほど，$I(A)$ は大きくなる。つまり，起きにくい事象が生じると，得られる情報量は増加する。このことは，ニュースを見たときの感覚と一致する。

今，天気の標本空間 X がお互いに排反する "晴れ"，"曇り"，"雨" の根元事象から構成されているとする。それぞれの事象が生じる確率を 2/3, 1/6, 1/6, 自己情報量の単位を bit とするとき，得られる平均情報量 $s(X)$ は

$$
\begin{aligned}
s(X) = {} & (晴れの確率) \times (晴れの情報量) \\
& + (曇りの確率) \times (曇りの情報量) \\
& + (雨の確率) \times (雨の情報量) \\
= {} & -\left(\frac{2}{3} \log_2 \frac{2}{3} + \frac{1}{6} \log_2 \frac{1}{6} + \frac{1}{6} \log_2 \frac{1}{6} \right) = 1.25 \text{ bit}
\end{aligned}
$$

となる。X を互いに排反する N 個の事象 $X_i(i = 1, 2, \cdots, N)$ に分け，$X = \{X_1, X_2, \cdots, X_N\}$，$p_i = P(X_i)$，自己情報量の単位を nat とすると，$s(X)$ は一般的に

$$
\begin{aligned}
s(X) = {} & -(p_1 \log p_1 + p_2 \log p_2 + \cdots + p_N \log p_N) \\
= {} & -\sum_{i=1}^{N} p_i \log p_i
\end{aligned}
\tag{4.2}
$$

$$\sum_{i=1}^{N} p_i = 1, \quad 0 \le p_i \le 1$$

と表される。式 (4.2) は確率変数の値を $-\log P$ とする情報量の期待値 $E[-\log P]$ を表している。平均情報量は，統計熱力学における「状態の不確定さ」を測った尺度であるエントロピーに対応しており，$s(X)$ を**情報エントロピー**（information entropy），もしくは，**Shannon エントロピー**（Shannon's entropy）という。情報エントロピーは**乱雑さ**（randomness）を測る尺度であり，不確定さが大きいほど，情報エントロピーは増加する。

ここで，最も単純な標本空間 $X = \{X_1, X_2\}$ の情報エントロピーの変化を考えてみよう。式 (4.2) より，$s(X)$ は式 (4.3) となる。

$$s(X) = -(p_1 \log p_1 + p_2 \log p_2). \tag{4.3}$$

ただし，$p_1 + p_2 = 1$ とする。$p_2 = 1 - p_1$ を式 (4.3) に代入すると，

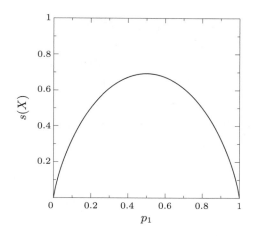

図 4.1　情報エントロピー $s(X)$ と p_1 の関係.

$$s(X) = -p_1 \log p_1 - (1 - p_1) \log(1 - p_1) \tag{4.4}$$

となる. $s(X)$ の p_1 依存性を図 4.1 に示す. $\lim_{p_1 \to +0} p_1 \log p_1$ と $\lim_{p_1 \to 1}(1 - p_1) \log(1 - p_1)$ は不定形の極限となるため, ロピタルの定理より, それぞれの極限値はゼロとなる. よって, $p_1 = 0, 1$ における $s(X)$ はゼロとなる. $p_1 = 1/2$ のとき, $s(X)$ は最大となる. つまり, 情報エントロピーが最小となるのは, X_1 と X_2 のどちらか一方のみが生じるときである. 情報エントロピーが最大となるのは, 二つの事象が同じ確率で生じるときである. 二つの事象が等確率で起きるというのは, どちらの事象が起きるのかを最も予測しにくいことを意味している.

以上を踏まえると, $X = \{X_1, X_2, \cdots, X_N\}$ の $s(X)$ が最大となるのは, すべての事象が等確率で起きるときである. すなわち, $p_1 = p_2 = \cdots = p_N = 1/N$ のときである. これらを式 (4.2) に代入すると, 情報エントロピーの最大値 $s_{\max}(X)$ は

$$s_{\max}(X) = -\left(\frac{1}{N} \log \frac{1}{N} + \frac{1}{N} \log \frac{1}{N} + \cdots + \frac{1}{N} \log \frac{1}{N} \right) = \log N \tag{4.5}$$

となる.

$s_{\max}(X)$ で正規化された $s(X)$ を $S(X)$ と表すと

$$S(X) = \frac{-\sum_{i=1}^{N} p_i \log p_i}{\log N} \tag{4.6}$$

となり, $0 \le S(X) \le 1$ を満たす.

$$R(X) = 1 - S(X) \tag{4.7}$$

を**冗長度**（redundancy）という. 冗長度は確率の偏りによって失われる情報エントロピーの度合いを表す.

4.2 一般化エントロピー

情報エントロピーは**一般化エントロピー**（generalized entropy）の一種と見なすことができる．一般化エントロピーには，**Rényi エントロピー**（Rényi's entropy）[7] と **Tsallis エントロピー**（Tsallis's entropy）[227] がある．これらの一般化エントロピーは，マルチフラクタルの定式化に必要な分配関数を用いて表現される．本書では，Rényi エントロピーを解説する．q 次の Rényi エントロピー $s_q(X)$ は

$$s_q(X) = \frac{1}{1-q} \log \sum_{i=1}^{N} p_i^q \tag{4.8}$$

と定義され，$\sum_{i=1}^{N} p_i^q$ は分配関数に対応する．第 3 章で述べたように，アトラクターの存在する埋め込み空間を一辺 ϵ のグリッドに分割したとき，i 番目のグリッドにおける測度を p_i とすると，一般化次元 D_q は

$$D_q = \lim_{\epsilon \to 0} \frac{1}{q-1} \frac{\log \sum_{i=1}^{N} p_i^q}{\log \epsilon} \tag{4.9}$$

で与えらえる．Rényi エントロピーと一般化次元には，$\sum_{i=1}^{N} p_i^q$ が含まれており，D_q は

$$D_q = \lim_{\epsilon \to 0} \frac{s_q(X)}{\log \epsilon} \tag{4.10}$$

と表現できる．D_q は **Rényi 次元**（Rényi's dimension）と呼ばれることもある．Rényi エントロピーと一般化次元の関係は，Grassberger [228] によって議論されている．ϵ が十分小さいとき，

$$e^{s_q(X)} \simeq \epsilon^{-D_q} \tag{4.11}$$

が成り立つ．Tsallis エントロピーについても式 (4.11) が成り立つ．Tsallis エントロピーの数理は須檜 [7] によって詳しく解説されている．

$q = 0$ のとき，$s_0(X)$ は

$$s_0(X) = \log N \tag{4.12}$$

となる．0 次の Rényi エントロピーは N の対数に比例して増加する．

$f(q) = \log \sum_{i=1}^{N} p_i^q$ と置くと，$\sum_{i=1}^{N} p_i = 1$ より，$f(1) = 0$ となる．よって，$s_q(X)$ は $f(q)$ を用いて

$$s_q(X) = \frac{f(q) - f(1)}{1-q} \tag{4.13}$$

と表せる．

$q = 1$ のとき，$s_1(X)$ は不定形の極限となるため，

$$s_1(X) = -\lim_{q \to 1} \frac{f(q) - f(1)}{q - 1} \qquad (4.14)$$

となる．つまり，$s_1(X)$ は $-f'(1)$ である．$p_i^q = e^{q \log p_i}$ より，$f'(q) = \frac{1}{\sum_{i=1}^{N} p_i^q} \sum_{i=1}^{N} p_i^q \log p_i$ となる．よって，$s_1(X)$ は

$$s_1(X) = -\frac{1}{\sum_{i=1}^{N} p_i^q} \sum_{i=1}^{N} p_i^q \log p_i \Big|_{q=1}$$

$$= -\sum_{i=1}^{N} p_i \log p_i \qquad (4.15)$$

と表せる．つまり，1 次の Rényi エントロピーは Shannon エントロピーと一致する．

ここで，$X = \{X_1, X_2\}$ のときの $s_1(X)$ を求めてみよう．$\sum_{i=1}^{2} p_i = 1$ より，$p_1 + p_2 = 1$ となる．x, y 軸をそれぞれ，p_1, p_2 とすると，$p_1 + p_2 = 1$ は $p_1 p_2$ 座標平面の直線方程式となる．上述のように，$p_1 = p_2 = 1/2$ のとき，$s_1(X)$ は最大となる．このことは，原点 O から $p_1 p_2$ 座標平面の直線への距離が最小となるとき，$s_1(X)$ は最大となることを意味する．また，$X = \{X_1, X_2, X_3\}$ のとき，$\sum_{i=1}^{3} p_i = 1$ より，$p_1 + p_2 + p_3 = 1$ となる．x, y, z 軸を，それぞれ，p_1, p_2, p_3 軸とすると，$p_1 + p_2 + p_3 = 1$ は $p_1 p_2 p_3$ 座標空間の平面方程式を表す．$p_1 = p_2 = p_3 = 1/3$ のとき，$s_1(X)$ は最大となることから，原点 O から $p_1 p_2 p_3$ 座標空間の平面への距離が最小となるとき，$s_1(X)$ は最大となる．つまり，確率変数が n 個の場合，原点 O から n 次元空間内の $n - 1$ 次元超平面への距離が最小となるときに，情報エントロピーは最大となる．

$q = 2$ のとき，$s_2(X)$ は

$$s_2(X) = -\log \sum_{i=1}^{N} p_i^2 \qquad (4.16)$$

と表され，2 次の Rényi エントロピーは**相関エントロピー**（correlation entropy）と呼ばれる．$\sum_{i=1}^{N} p_i^2$ は p_i 自身の期待値であることから，

$$\sum_{i=1}^{N} p_i^2 = E[p_i]$$

$$= \frac{1}{N} \sum_{i=1}^{N} p_i \qquad (4.17)$$

となる．第 3 章の GP アルゴリズムに従うと，p_i は

$$p_i = \frac{1}{N} \sum_{j=1}^{N} \theta\big(\epsilon - \mid \bm{x}_i - \bm{x}_j \mid\big), \qquad (4.18)$$

$$\theta(\epsilon - \mid \bm{x}_i - \bm{x}_j \mid) = \begin{cases} 1 & (\mid \bm{x}_i - \bm{x}_j \mid \leq \epsilon) \\ 0 & (\mid \bm{x}_i - \bm{x}_j \mid > \epsilon) \end{cases}$$

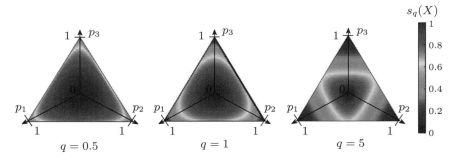

図 4.2　q を変化させたときの Rényi エントロピー $s_q(X)$ の分布.（表紙裏にカラーの図を掲載.）

と表現できる. 式 (4.18) は埋め込み空間内の $\boldsymbol{x}_i$ を中心とした一辺 ϵ のセル内に点の入る確率を表している.

　q を変化させたときの $s_q(X)$ の分布を図 4.2 に示す. ただし, $X = \{X_1, X_2, X_3\}$ とする. q の値によらず, p_1, p_2, p_3 のそれぞれに偏りがあるとき, $s_q(X)$ は低い. p_1, p_2, p_3 が互いに等確率に近づくにつれて, $s_q(X)$ は大きくなり, 乱雑さは増加する. 重要な点として, $q = 0.5$ のとき, p_1, p_2, p_3 の偏りが大きい領域における乱雑さの変化が捉えられやすい. $q = 5$ のとき, $p_1,$ $p_2,$ p_3 の偏りが小さい領域における乱雑さの変化が捉えられやすい.

4.3　サンプルエントロピー

　時系列の多重時間構造を考慮に入れた**サンプルエントロピー**（sample entropy）, いわゆる, **マルチスケールエントロピー**（multiscale entropy）が, Costa ら[229] によって提案されている. マルチスケールエントロピーは, さまざまな時間スケールにおける時系列の相関エントロピーを定量化したものである. マルチスケールエントロピーの計算では, 最初に時系列 $\{x(t_i)\}_{i=1}^{N}$ の**粗視化**（coarse-graining）を行う. 粗視化には, 式 (4.19) で示されるスケール因子 (scale factor) s_f を用いる. s_f を増加させることで, 時系列を粗視化し, 時系列の高周波変動と低周波変動に着目することができる.

$$z\left(t_j\right) = \frac{1}{s_f} \sum_{i=(j-1)s_f+1}^{js_f} x\left(t_i\right). \tag{4.19}$$

　粗視化された時系列 $\{z(t_j)\}_{j=1}^{N/s_f}$ のサンプルエントロピーを計算する. サンプルエントロピーは相関エントロピーを用いて定義され, 式 (4.16)–(4.19) と相関次元の計算で用いた相関積分 $C^D(\epsilon)$ を考慮に入れると, $s_2(Z)$ は

$$s_2(Z) = -\log C^D(\epsilon), \tag{4.20}$$

$$C^D(\epsilon) = \frac{1}{N^2} \sum_{i=1}^{N} \sum_{j=1}^{N} \theta\bigl(\epsilon - \mid \boldsymbol{z}_i - \boldsymbol{z}_j \mid\bigr) \qquad (4.21)$$

となる．ただし，Z を標本空間，D を埋め込み次元とする．式 (4.21) は，$\boldsymbol{z}_i$ を中心とした超立方体内に $\boldsymbol{z}_j$ が存在すれば 1，存在しなければ 0 であることを意味している．第 3 章の GP アルゴリズムでは，超球でアトラクターを被覆し，ベクトル間の距離に Euclid（ユークリッド）距離を用いるが，ここでは式 (4.22) で定義される Chebyshev（チェビシェフ）距離を用いるものとする．

$$\mid \boldsymbol{z}_i - \boldsymbol{z}_j \mid = \max_k \mid z(t_{i+(k-1)T}) - z(t_{j+(k-1)T}) \mid . \qquad (4.22)$$

D 次元と $D+1$ 次元の相関エントロピーの差 $(= s_2^{D+1} - s_2^D)$ は，サンプルエントロピー S_E として定義され，

$$\begin{aligned}
S_E &= \log \frac{C^D(\epsilon)}{C^{D+1}(\epsilon)} \\
&= \log \frac{\sum_{i=1}^{N/s_f-D+1} \sum_{j=1}^{N/s_f-D+1} \theta\bigl(\epsilon - \mid \boldsymbol{z}_i - \boldsymbol{z}_j \mid\bigr)}{\sum_{i=1}^{N/s_f-D} \sum_{j=1}^{N/s_f-D} \theta\bigl(\epsilon - \mid \boldsymbol{z}_i - \boldsymbol{z}_j \mid\bigr)}
\end{aligned} \qquad (4.23)$$

となる．ϵ は $z(t)$ の標準偏差の 0.15 倍程度が適切であるとされる[229]．白色ノイズと有色ノイズのマルチスケールエントロピー S_E を計算した結果を図 4.3 に示す．ただし，時差 $T=1$，$N=10000$，$D=2$ とする．また，パワースペクトル指数 $\alpha=2$ の有色ノイズを解析対象とする．s_f を増加させると，白色ノイズの S_E は低下するが，有色ノイズの S_E は増加する．$s_f \geq 80$ では，有色ノイズの S_E は白色ノイズの S_E よりも高くなる．つまり，高周波数の領域では，白色ノイズの乱雑さは有色ノイズよりも高く，低周波数の領域では，白色ノイズの乱雑さは有色ノイズよりも低い．このように，さまざまな時間スケールで乱雑さを眺めると，必ずしも白色ノイズが複雑であるとは限らない．

実データへの適用例として，ガスタービンモデル燃焼器[230]内の圧力変動の

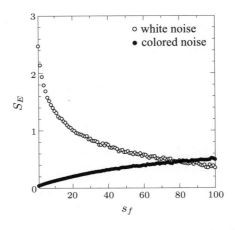

図 4.3　白色ノイズと有色ノイズのマルチスケールエントロピー S_E.

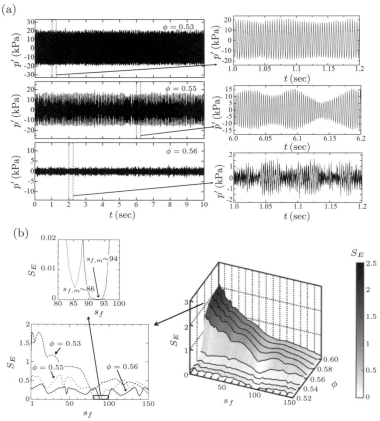

図 4.4 燃焼振動の減衰過程における (a) 圧力変動 p' と (b) マルチスケールエント
ロピー S_E [231]. (表紙裏に (b) のカラーの図を掲載.)

マルチスケールエントロピー S_E [231] を図 4.4 に示す. ただし, $T = 1$, $N =$
256000, $D = 3$ とする. この燃焼器では, 約 $275\,\mathrm{Hz}$ に卓越した周波数成分を
持つ燃焼振動 (combustion oscillations) が発生し, 当量比 ϕ を 0.53 から 0.60
まで変化させると, この燃焼振動は抑制される [230]. 当量比とは, 燃焼器に供
給される燃料と酸素の濃度比を完全燃焼における濃度比で無次元化した物理量
である. また, 燃焼振動とは, 火炎の発熱変動と圧力変動の相互作用によって
引き起こされる熱音響現象 (thermoacoustic phenomena) のことである [232].
$\phi = 0.53$ のとき, 燃焼振動の周期性が強く, すべての s_f で S_E は高くない.
$s_f \approx 94$ で S_E が極小値をとり, ほぼゼロとなる. このことは, 埋め込み空間
の次元の変化によって相関エントロピーに変化が生じないことを意味している.
つまり, $s_f \approx 94$ での圧力変動のダイナミックスは規則性が強いと解釈できる.
この点に着目して, 圧力変動のサンプリング周波数 $25.6\,\mathrm{kHz}$ を S_E が極小値を
とるときの s_f で割ると, $25600/94 \approx 272\,\mathrm{Hz}$ となる. この値は燃焼振動の卓
越周波数とほぼ一致する. つまり, 時系列データのサンプリング周波数をマル
チスケールエントロピーが極小値をとるときのスケール因子の値で割ると, ダ

イナミックスの支配的な周波数成分を推定することができる．このことは異なる燃焼器を用いた実験でも示されている [233]．ϕ を 0.53 から増加させると，s_f の小さい領域，すなわち，高周波数領域で S_E が著しく増加し，燃焼状態が乱雑化していく．このように，マルチスケールエントロピーは単一の時間スケールでは把握できない時系列の低周波から高周波領域のダイナミックスの変化を取り扱うことができる．

4.4 順列エントロピーと順列スペクトル

記号は，例えば正の整数やアルファベットで表現され，無限個もしくは有限個の要素からなる集合を構成する．記号の時系列解析への利用は，観測された時系列を記号列へ変換するところから始まる．2 値による観測値の記号化法として，図 4.5 で示されるような**静的変換**（static transformation）と**動的変換**（dynamic transformation）がある [234]．

(i) 静的変換

$$y(t) = \begin{cases} 1 & (x(t_i) > x_{\text{thre}}) \\ 0 & \text{otherwise.} \end{cases}$$

(4.24)

(ii) 動的変換

$$y(t) = \begin{cases} 1 & (x(t_i) < x(t_{i+1})) \\ 0 & \text{otherwise.} \end{cases}$$

(4.25)

静的変換は時系列が定常性を持つときに適しているが，x の記号化には時系列全体の共通の閾値 x_{thre} の設定が必要である．他方，動的変換は観測値の時間

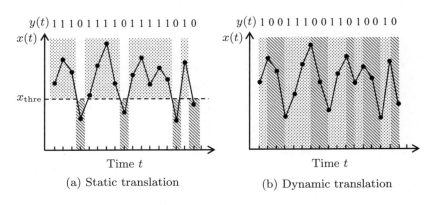

(a) Static translation   (b) Dynamic translation

図 4.5 　時系列の (a) 静的変換と (b) 動的変換.

差分を考慮したものであり，共通の閾値を必要としない．動的変換を拡張した**順列変換**（permutation transportation）が，Bandt と Pompe[235] によって提案され，時系列の順列パターンに着目した**順列エントロピー**（permutation entropy）が乱雑さの定量化に有用である．順列エントロピーの算出方法を説明しよう．観測された時系列 $\{x(t_i)\}_{i=1}^{N}$ から時差 T の間隔で，データ点数を D 個抽出する．ただし，$D \geq 2$ とする．順列変換を適用すると，出現する可能性のある順列パターンは $D!$ 個あり，その集合を $\pi = \{\pi_j | j = 1, 2, \cdots, D!\}$ と表す．ここで，事象 $X = \pi_j$ とすると，$X = \pi_j$ の出現確率 $P(X = \pi_j) = p(\pi_j)$ は，

$$p(\pi_j) = \frac{N_{\pi_j}}{N - (D-1)T} \tag{4.26}$$

となる．ただし，N_{π_j} を π_j の出現度数とする．式 (4.26) を式 (4.15) に適用すると，順列エントロピー $s_P(X)$ は

$$s_P(X) = -\sum_{j=1}^{D!} p(\pi_j) \log p(\pi_j) \tag{4.27}$$

となる．ここで，$s_P(X)$ が最大となるのは，$p(\pi_1) = \cdots = p(\pi_{D!})$ のときである．よって，順列エントロピーは最大値 $s_{P,\max}(X) = \log D!$ をとり，$s_P(X)$ を $s_{P,\max}(X)$ で正規化した順列エントロピー $S_P(X)$ は

$$S_P(X) = \frac{-\sum_{j=1}^{D!} p(\pi_j) \log p(\pi_j)}{\log D!} \tag{4.28}$$

となる．$0 \leq S_P(X) \leq 1$ の範囲をとり，時系列の乱雑さが増加するにつれて，$S_P(X)$ は増加する．$S_P = 0$ は単調増加過程もしくは単調減少過程に対応する．$s_P(X)$ は対数の底の選択に応じて変化するが，$S_P(X)$ は対数の底の選択に依存しない利点を持つ．時系列データが時差 T の D 次元空間に埋め込まれたと考えた場合，$p(\pi_j)$ はアトラクターの点成分（$= \{x(t_i), x(t_i+T), \cdots, x(t_i+(D-1)T)\}$）の順列パターンの出現確率と解釈できる．

図 4.6 で示される時系列を例に，順列エントロピーを求めてみよう．$x = \{2, 4, 6, 2, 4, 8, 6, 2\}$ とする．$T = 1$，$D = 3$ とすると，隣り合う 6 組の x の大きさを比べると，$x(t_i) < x(t_{i+1}) < x(t_{i+2})$ となるのは 2 組，$x(t_i) < x(t_{i+2}) < x(t_{i+1})$ となるのは 1 組，$x(t_{i+1}) < x(t_i) < x(t_{i+2})$ となるのは 0 組，$x(t_{i+2}) < x(t_i) < x(t_{i+1})$ となるのは 1 組，$x(t_{i+1}) < x(t_{i+2}) < x(t_i)$ となるのは 1 組，$x(t_{i+2}) < x(t_{i+1}) < x(t_i)$ となるのは 1 組である．ここで，x の小さい値から順番に記号 1, 2, 3 を割り当てる．$\{2, 4, 6\}$ と $\{2, 4, 8\}$ は記号列 123，$\{4, 8, 6\}$ は記号列 132，$\{4, 6, 2\}$ は記号列 231，$\{6, 2, 4\}$ は記号列 312，$\{8, 6, 2\}$ は記号列 321 に属し，$p(\pi_1) = 1/3$，$p(\pi_2) = 1/6$，$p(\pi_3) = 0$，$p(\pi_4) = 1/6$，$p(\pi_5) = 1/6$，$p(\pi_6) = 1/6$ となる．よって，順列エントロピーは

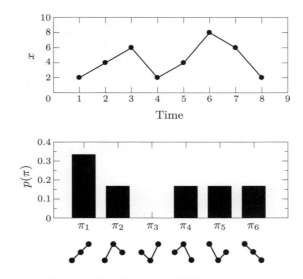

図 4.6　時系列 $\{x(t)\}$ と順列パターン π.

$$s_P = -\frac{1}{3}\log\frac{1}{3} - \frac{2}{3}\log\frac{1}{6} \approx 1.56 \text{ nat}$$

となる.

　ここで，離散力学系の **logistic**（ロジスティック）**写像**（logistic map）から生成されるカオス時系列の順列エントロピーを計算してみよう.

$$x(t+1) = ax(t)(1 - x(t)). \tag{4.29}$$

係数 a は分岐パラメータであり，$a > 0$ とする. a を増加させると，x は周期倍分岐（period-doubling bifurcation）を経てカオスへ遷移する. logistic 時系列の S_P を図 4.7 に示す. ここでは，$3.85 \leq a \leq 4$ の logistic 時系列に着目し，$T = 1$，$N = 10000$，$D = 4$ とする. a を増加させると，S_P は logistic 時系列の複雑さと対応しながら緩やかに増加していく. 数値シミュレーションによって得られた燃焼現象への適用例として，乱流火災の速度変動の S_P [236] を示しておこう. 乱流火災は反応性熱流体の重要な非線形現象の一つであり，浮力による自然対流によって複雑な時空ダイナミックスが生成される. 乱流火災の速度変動の S_P [236] を図 4.8 に示す. なお，火源中心軸上 $(x = y = 0 \text{ m})$ の $z = 0.5 \text{ m}$（上流領域），$z = 1.0 \text{ m}$，$z = 3.0 \text{ m}$（下流領域）の速度変動も示す. S_P は z が高くなるにつれて増加している. 順列エントロピーは，上流領域から下流領域にかけて複雑化する乱流火災の乱雑さの変化を捉えている. 順列エントロピーは，航空エンジン用燃焼器で発生する燃焼振動の予兆検知 [237] や放電プラズマの異常検知 [238] に適用されており，工学的にも有用である. また，順列パターンに振幅情報を考慮した重み付き順列エントロピー（weighted permutation entropy）が提案されており [239]，ガスタービンモデル燃焼器で発

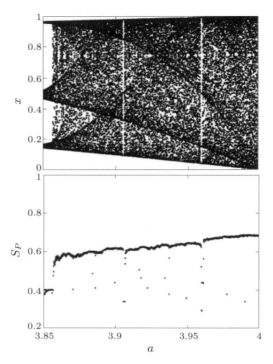

図 4.7 logistic 時系列の順列エントロピー S_P と分岐パラメータ a の関係.

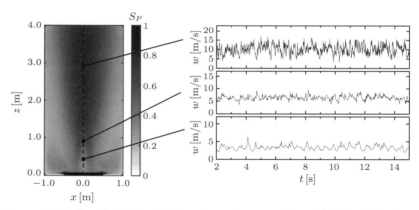

図 4.8 乱流火災の速度変動の順列エントロピー S_P の空間分布 [236]. （表紙裏にカラーの図を掲載.）

生する失火の予兆検知に有用であることが報告されている [240].

　時系列の決定論性を検定するための方法の一つとして，**順列スペクトル検定**（permutation spectrum test）が提案されている [241]. 順列スペクトル検定では，まず，時系列を長さ l, すなわち，データ点数 l からなる部分時系列（セグメント）に分割し，これらの部分時系列ごとに出現する順列パターンの相対度数を算出する．そして，すべてのセグメントの相対度数に関する標準偏差を

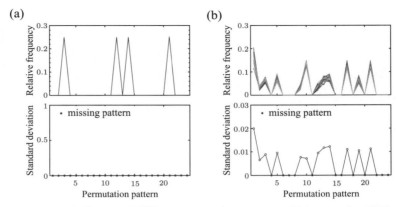

図 4.9 logistic 写像の (a) 周期解 ($a = 3.5$) と (b) カオス解 ($a = 4.0$) の順列スペクトル.（表紙裏にカラーの図を掲載.）

算出する. 順列パターンの相対度数と標準偏差の分布を順列スペクトルと定義し, 相対度数分布の形状と標準偏差の値から時系列の決定論性の有無を調べる. ある特定の順列パターンが頻出し, その相対度数分布が類似した形状を持つならば, 時系列は決定論的ダイナミックスによって生成されていると推定される.

logistic 時系列の順列スペクトルを図 4.9 に示す. ただし, $T = 1$, $N = 10000$, $l = 500$, $D = 4$ とする. 周期解 ($a = 3.5$) では, 同一の順列パターンが繰り返し現れ, 相対度数はすべてゼロとなる. カオス解 ($a = 4.0$) では, logistic 写像の周期解と同様, 各セグメントの相対度数分布の形状は互いに類似している. しかしながら, 周期解の順列スペクトルとは異なり, 出現頻度のばらつきが観察される. 重要な点として, 相対度数がゼロで, 同時に標準偏差がゼロである（すなわち, 異なるサンプル時系列に対して相対度数がいつもゼロとなる）順列パターン（$= \pi_4$, π_6, π_7, π_8, π_{11}, π_{15}, π_{16}, π_{18}, π_{20}, π_{22}, π_{23}, π_{24}）が存在することがある. このパターンは, **消失パターン**（missing pattern）と呼ばれる. 消失パターンは禁制パターン（forbidden pattern）とも呼ばれているが [242], 両者の意味合いは異なる. 本書では, 相対度数が繰り返しゼロ値を取るような順列パターンを消失パターンとする.

次に, **Kuramoto–Sivashinsky**（**蔵本–シバシンスキー**）**方程式** [243] から生成されるカオス時系列の順列スペクトルを計算してみよう. Kuramoto–Sivashinsky 方程式は, 固相と気相に挟まれる薄い液相の変形ダイナミックスを記述する非線形発展方程式（nonlinear evolution equation）である.

$$\frac{\partial h}{\partial t} + h\frac{\partial h}{\partial x} + \frac{\partial^2 h}{\partial x^2} + \frac{\partial^4 h}{\partial x^4} = 0. \tag{4.30}$$

Kuramoto–Sivashinsky 時系列 $\{h(t)\}$ と順列スペクトルを図 4.10 に示す. ただし, 周期境界条件 ($h(x, t) = h(x + L, t)$) のもとで, Kuramoto–Sivashinsky 方程式を解き, $x = 0$ における局所的な $h(t)$ を解析対象とする. また, $L =$

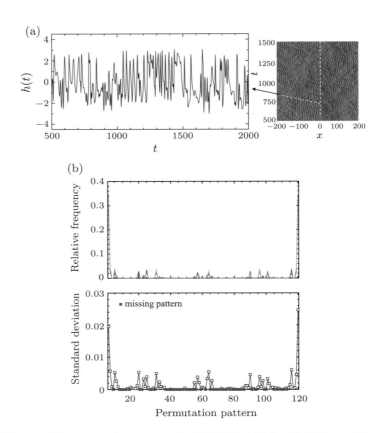

図 4.10 (a) Kuramoto–Sivashinsky 時系列 $\{h(t)\}$ と (b) 順列スペクトル.

200, $T = 1$, $N = 10000$, $l = 500$, $D = 5$ とする. 順列スペクトルに消失
パターンが存在しており, $h(t)$ は決定論的な挙動であることが示唆される. 最
近, 外部ノイズ項を含む Kuramoto–Sivashinsky 時系列の順列スペクトルも調
べられている[244]. 有色ノイズの順列スペクトルを図 4.11 に示す. ただし, T
$= 1$, $N = 10000$, $l = 500$, $D = 5$ とする. また, マルチスケールエントロ
ピーの計算と同様, パワースペクトル指数 $\alpha = 2$ の有色ノイズを解析対象とす
る. 順列パターンの相対度数に関する標準偏差はゼロとならず, 消失パターン
が観察されない. これらの結果に基づくと, 消失パターンは時系列の決定論性
を評価する際の重要な指標の一つになる.

　実データへの適用例として, 不安定な火炎面変動[245] の順列スペクトルを図
4.12 に示す. 順列スペクトルに多くの消失パターンが存在しており, 不安定な
火炎面変動は決定論的であることが示唆される. 乱流火災の温度変動の順列ス
ペクトルを求め, その消失パターン数の空間分布[247] を図 4.13 に示す. ただ
し, 消失パターン数を $D!$ で正規化する. 相対消失パターン数 N_m は乱流火災
の上流領域から下流領域にかけて低下しており, 乱雑さが増加することがわか
る. 相対消失パターン数は時系列を生成するダイナミクスの特徴を捉えてい

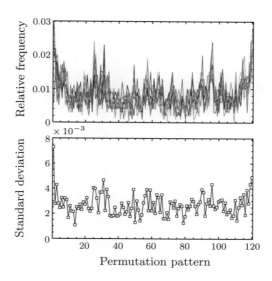

図 4.11　有色ノイズの順列スペクトル.

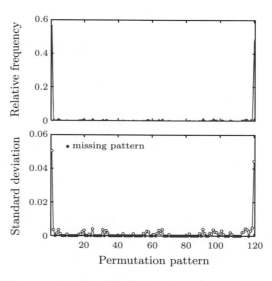

図 4.12　不安定な火炎面変動の順列スペクトル [245].

る．Small らの研究グループらは，Lorenz カオスとハイパーカオスの時系列
データから相対消失パターン数を見積もり，相対消失パターン数の有用性を報
告している [246].

　順列スペクトルの利点は，カオス同定の基本的な特性量である最大 Lyapunov
指数や相関次元と比較して，計算アルゴリズムの簡潔さと計算速度の速さが挙
げられる．Kulp と Zunino は，順列スペクトルがこれらの特性量に代わる方法
として導入されたものでなく，他のカオス同定法によって得られた解析結果を
補足するために提案したことを強調している [241]．順列スペクトルの使用に関

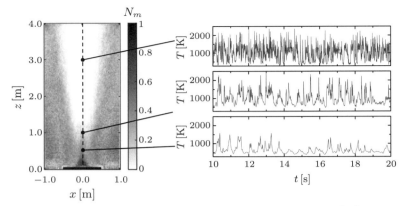

図 4.13　乱流火災の温度変動の相対消失パターン数 N_m の空間分布 [247]．（裏表紙裏にカラーの図を掲載．）

する注意点として，Bandt と Pompe は時系列データ点数を少なくとも $D!$ よりも大きくする必要があると述べている [235]．

4.5　Jensen–Shannon 複雑さ解析

本節では，順列エントロピーと **Jensen–Shannon divergence** を用いて，時系列の複雑さを定量化する方法に着目する．Jensen–Shannon divergence は，二つの確率密度関数の相違を測った **Kullback–Leibler**（カルバック–ライブラー）**divergence** を用いて表現される．事象 $X = x_i$ の出現確率を $P(X = x_i) = p(x_i)$，事象 $Y = y_i$ の出現確率を $P(Y = y_i) = p(y_i)$ とするとき，X から見た Y の Kullback–Leibler divergence $D_{KL}(X||Y)$ は，

$$D_{KL}(X||Y) = \sum_{i=1}^{N_v} p(x_i) \log \frac{p(x_i)}{p(y_i)} \tag{4.31}$$

と表される．ただし，N_v を確率変数の総数とする．$M = (X + Y)/2$ とすると，順列パターンの集合に関する Jensen–Shannon divergence は順列エントロピーの関数として，

$$
\begin{aligned}
D_{JS} &= \frac{1}{2}(D_{KL}(X||M) + D_{KL}(Y||M)) \\
&= \frac{1}{2}\sum_{i=1}^{D!} p(x_i) \log \frac{p(x_i)}{p(m_i)} + \frac{1}{2}\sum_{i=1}^{D!} p(y_i) \log \frac{p(y_i)}{p(m_i)} \\
&= \frac{1}{2}\sum_{i=1}^{D!} p(x_i) \log p(x_i) + \frac{1}{2}\sum_{i=1}^{D!} p(y_i) \log p(y_i) \\
&\quad - \frac{1}{2}\sum_{i=1}^{D!} [p(x_i) + p(y_i)] \log p(m_i)
\end{aligned}
$$

$$= -\frac{1}{2}s_P(X) - \frac{1}{2}s_P(Y) + s_P(M) \tag{4.32}$$

と表される. 式 (4.28) で定義される順列エントロピーを用いると,

$$D_{JS} = \frac{\log D!}{2}\left(-S_P(X) - S_P(Y) + 2S_P(M)\right) \tag{4.33}$$

となる. ここで, 順列エントロピーと同様, Jensen–Shannon divergence もその最大値で無次元化すると便利であり, Jensen–Shannon divergence の最大値 $D_{JS,\max}$ を求めておこう. 順列パターンの出現確率を $p(x_i)$, その分布を $\mathbf{p}$ とし, 順列エントロピーが最大となるときの順列パターンの出現確率を $p(y_i)$, その分布を $\mathbf{p_e}$ とする. $\mathbf{p_e} = \{1/D!, 1/D!, \cdots, 1/D!\}$ のとき, 順列エントロピーは最大となる. $\mathbf{p} = \{1, 0, \cdots, 0\}$ のとき, Jensen–Shannon divergence は最大となる. このとき, $s_P(X)$, $s_P(Y)$, $s_P(M)$ は,

$$\begin{aligned} s_P(X) &= -\sum_{i=1}^{D!} p(x_i)\log p(x_i) \\ &= 0, \end{aligned} \tag{4.34}$$

$$\begin{aligned} s_P(Y) &= -\sum_{i=1}^{D!} p(y_i)\log p(y_i) \\ &= -\sum_{i=1}^{D!} \frac{1}{D!}\log\frac{1}{D!} \\ &= -\log\frac{1}{D!}, \end{aligned} \tag{4.35}$$

$$\begin{aligned} s_P(M) &= -\sum_{i=1}^{D!} p(m_i)\log p(m_i) \\ &= -\sum_{i=1}^{D!} \frac{p(x_i) + p(y_i)}{2}\log\frac{p(x_i) + p(y_i)}{2} \\ &= -\frac{1 + 1/D!}{2}\log\frac{1 + 1/D!}{2} - \frac{0 + 1/D!}{2}\log\frac{0 + 1/D!}{2} - \cdots \\ &\quad - \frac{0 + 1/D!}{2}\log\frac{0 + 1/D!}{2} \\ &= -\frac{D! + 1}{2D!}\log(D! + 1) - \log 2D! \end{aligned} \tag{4.36}$$

となる.

式 (4.32) に式 (4.34)–(4.36) を代入すると,

$$D_{JS,\max} = \frac{1}{2}\log\frac{1}{D!} - \frac{D! + 1}{2D!}\log(D! + 1) + \log 2D!$$

$$= -\frac{1}{2}\left\{\frac{D!+1}{D!}\log(D!+1) - 2\log 2D! + \log D!\right\}$$

$$(4.37)$$

となる．よって，$D_{JS,\max}$ によって無次元化された Jensen–Shannon divergence $Q_{JS}(X,Y)$ は，式 (4.33) を用いることで，

$$Q_{JS}(X,Y) = \frac{D_{JS}}{D_{JS,\max}}$$

$$= \frac{\log D!\,(S_P(X) + S_P(Y) - 2S_P(M))}{\frac{D!+1}{D!}\log(D!+1) - 2\log 2D! + \log D!} \quad (4.38)$$

となる．$\mathbf{p} = \mathbf{p_e}$ のとき，$S_P(X) = S_P(Y)$ となり，順列エントロピーは最大となる．このとき，式 (4.38) より，$Q_{JS}(X,Y)$ は最小 ($= 0$) となる．

Rosso らは，順列エントロピーと Jensen–Shannon divergence を用いて，ダイナミックスの複雑さを

$$C_{JS} = S_P(X)Q_{JS}(X,Y) \quad (4.39)$$

と定義している [248]．S_P と C_{JS} から成る 2 次元平面は **complexity–entropy causality plane** と呼ばれる．以下では，**CECP** と略記する．D 次元埋め込み空間の時差 T を変化させることにより，さまざまな時間スケールでの複雑さを評価することが可能となり，CECP 内に軌道が描かれる [249]．CECP 内の軌道の形状から時系列のダイナミックスを推定する解析法を，本書では，**Jensen–Shannon 複雑さ解析**（**Jensen–Shannon complexity analysis**）と名付ける．

Lorenz 時系列と有色ノイズの CECP の軌道を見てみよう．ただし，第 3 章と同様に，式 (3.9)–(3.11) の係数 σ, R, b をそれぞれ，10，28，8/3 とし，4 次の Runge–Kutta 法を用いて，時間幅 0.001 のもとで数値計算を行う．本節では，サンプリング時間 $\Delta t = 0.01$ ごとにデータを抽出して得られた Lorenz 時系列 $\{x(t)\}$ を用いる．また，パワースペクトル指数 $\alpha = 1$ の有色ノイズを解析対象とし，$D = 5$，$N = 10000$ とする．図 4.14 で示されるように，Lorenz 時系列では，T を増加させると，極大値を持つ軌道が描かれる．有色ノイズでは，T を増加させても極値を持つ軌道は観察されず，(S_P, C_{JS}) は CECP の右下端に向かって単調に減少する．このように，CECP は時系列のダイナミックスの特徴を捉えている．

図 4.15 に乱流火災の速度変動の CECP [236] を，図 4.16 に不安定な火炎面変動の CECP [245] を示す．ただし，乱流火災の速度変動については，$D = 6$，$N = 28000$ とする．不安定な火炎面変動については，$D = 5$，$N = 10000$ とする．両者ともに Lorenz 時系列と同様，極大値を持つ軌道が描かれる．つまり，Lorenz 時系列と同程度の決定論的なダイナミックスが乱流火災の速度変動と不安定な火炎面変動に観察されていると言える．最近，ロケットエンジンモデル

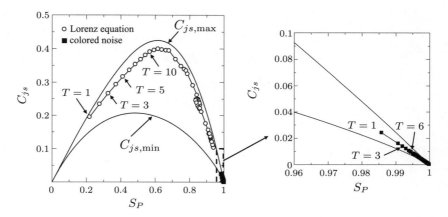

図 4.14　Lorenz 時系列と有色ノイズの CECP.

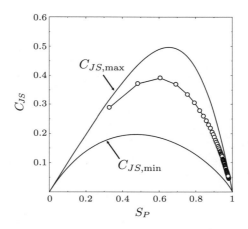

図 4.15　乱流火災の速度変動の CECP [236].

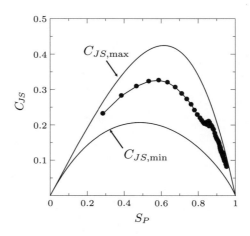

図 4.16　不安定な火炎面変動の CECP [245].

燃焼器内の圧力変動[250]や水素/酸素噴流の速度変動と濃度変動[251]についても，CECP の軌道の形状が調べられている．このように，Jensen–Shannon 複雑さ解析は，反応性熱流体現象のダイナミックスの決定論性を判定する方法の一つとして有用である．

第 5 章
非線形予測

　この章では非線形予測法について学ぶ．決定論的な非線形ダイナミックスから生じるカオス過程は，情報損失が顕著でないような短い期間ならば，実用上，将来値の予測が可能である．予測モデルとして非線形近似法が有効である．正則化理論に基づく関数近似法，多層パーセプトロン，局所近似法に焦点を絞って，予測モデルの構造と最適化方法を論じる．

5.1　はじめに：汎化と次元の呪い

　カオス過程は，決定論的な非線形ダイナミックスから生み出される動的挙動である．情報の損失が著しいような長い時間間隔でカオス過程を観測して得られる時系列は，第 2 章で展開した線形予測モデルを用いて記述できるかも知れない．しかしながら，決定論的性質が十分に残存している短い時間間隔で観測されたカオス時系列のダイナミックスを近似する場合には，線形予測法よりも非線形予測法の方がよく機能するであろう．観測された挙動に決定論性がどの程度残存しているかは，第 3.8 節で論じた Wayland らのアルゴリズムによって定量的に把握することができる．この章で展開する非線形予測法の要点を述べよう．ある挙動について，過去のある時点から現在までの各時点での値の列から構成されるベクトル

$$\boldsymbol{x}(t) = (x(t), x(t-T), \ldots, x(t-(D-1)T))$$

が，τ 時間ステップ未来における挙動 $x(t+\tau T)$ を決定しているとする．カオス時系列を扱う場合，埋め込み次元 D は，第 3 章で述べた次元の推定値を参考にして決めてもよいし，第 5.4 節で展開する方法によって決定することもできる．埋め込みの時差 T は，第 3 章で述べたように自己相関関数または相互情報量の時差に対する振舞いに基づいて決めることもできるが，時系列予測ではデータ点間の因果関係が重要なので，最小時差 $T = 1$，即ち，時系列のサン

プリング時間に設定されることが多い.

$$x(t + \tau T) = F\left[\boldsymbol{x}(t)\right]. \tag{5.1}$$

F は状態変化のダイナミックスを表し，あるクラスに属する連続関数である．白色ノイズのような確率変数は含まれない．したがって，入力ベクトルの近傍は，対応する出力値の近傍に写像される．つまり，似たような挙動の将来は，似たような結果になる．システムの挙動が決定論的であるとは，このようなことを意味する．実用上予測が可能な範囲を表す τ の上限値は，第 3 章で述べた Lyapunov 指数の推定方法を利用して見積もることもできるし，第 5.4 節で展開する方法に基づいて決定することもできる．次元と Lyapunov 指数の推定は，カオス時系列の予測モデルを決定するための重要な情報を提供する．

　ダイナミックスを近似関数 f で再現することを考えよう．ただし，f は観測された有限長の時系列から推測しなければならない．これは帰納的推論（inductive inference）の一種で，**関数近似**（function approximation）と呼ばれる予測手法である．未来の挙動に関する予測値 $\hat{x}(t + \tau T)$ は

$$\hat{x}(t + \tau T) = f\left[\boldsymbol{x}(t)\right] \tag{5.2}$$

で与えられる．時系列から作成された入力ベクトル $\boldsymbol{x}(t)$ と出力値 $x(t + \tau T)$ のデータ対が N 対あるとする.

$$\{\boldsymbol{x}(t_n), x(t_n + \tau T)\}_{n=1}^{N}.$$

これらを学習データという．N 個の学習データから推測された f を $\hat{f}_N$ と表す．$\hat{f}_N$ を決めるプロセスのことを**学習**（learning）という．図 5.1 は，学習データから決定された $\hat{f}_N$ が表す**超曲面**（hyper surface）を概念的に示したものである．$\hat{f}_N$ が求まると，様々な $\boldsymbol{x}(t)$ を $\hat{f}_N$ に入力して，予測値 $\hat{x}(t + \tau T)$ を得

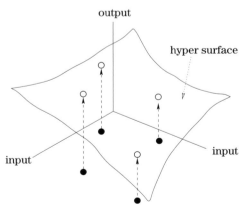

図 5.1　システムのダイナミックスを表現する超曲面. ●，○ は，それぞれ，学習データとしての入力ベクトルと出力値の対を表す．

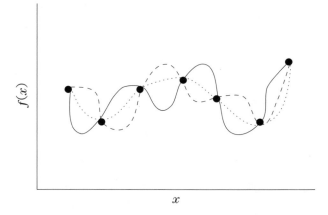

図 5.2 ill-posed problem の概念図. ● は観測値を表す.

ることができる.

$$\hat{x}(t + \tau T) = \hat{f}_N \left[\boldsymbol{x}(t) \right]. \tag{5.3}$$

　最適な $\hat{f}_N$ を見つけることは簡単ではない. "最適な" $\hat{f}_N$ は学習データを再現しなければならない. しかし, 図 5.2 に示すように, 学習データを再現する $\hat{f}_N$ は無数にある. このような場合, $\hat{f}_N$ を決定する問題は **ill-posed problem** と呼ばれる. 問題の設定のし方が悪いので, 問題には一意な解がないという意味である. $\hat{f}_N$ を一意に求めるには, f が何階まで微分可能で連続か決めることによって, 即ち, f が属すべき関数のクラスを設定することによって, 観測値のない部分における近似関数の振舞いに, 予め制限を設けておけばよい.

　こうして, $\hat{f}_N$ を一意に決定できそうだが, まだ問題がある. $\hat{f}_N$ の入力ベクトルには無限の可能性がある. したがって, $\hat{f}_N$ は, 学習データだけではなく, 学習データには含まれない未知の入力ベクトルに対しても, その未来値を再現できなければならない. これを近似モデルの**汎化** (generalization) という. 近似関数 f が本来持っている性能は, $\boldsymbol{x}(t)$ と $x(t + \tau T)$ のすべての実現結果に関する誤差の期待値 $H[f]$ で評価される.

$$H[f] = E\left[[x(t + \tau T) - f(\boldsymbol{x}(t))]^2 \right]. \tag{5.4}$$

f が属するクラスの関数の集合を X とする. $H[f]$ を最小にする $f^* \in X$ は, X における最良近似である.

$$f^* = \arg \min_{f \in X} H[f].$$

一方, $\hat{f}_N$ は学習データからしか求めることができないので, その性能は, 次に示す評価関数 $H_N[f]$ で測られる.

$$H_N[f] = \frac{1}{N} \sum_{n=1}^{N} \left[x(t_n + \tau T) - f(\boldsymbol{x}(t_n)) \right]^2. \tag{5.5}$$

$\hat{f}_N$ は $H_N[f]$ が最小になるように求められるから,

$$\hat{f}_N = \arg\min_{f \in X} H_N[f]$$

である. f^* と $\hat{f}_N$ の差の期待値 H^* のことを, **汎化誤差** (generalization error) という.

$$H^* = E\left[[f^*(\boldsymbol{x}(t)) - \hat{f}_N(\boldsymbol{x}(t))]^2\right]. \tag{5.6}$$

$\hat{f}_N$ が学習データの挙動だけを忠実に再現するならば, 汎化誤差は大きい. これを**過学習** (overtraining) という. 残念なことに, H^* は求められない. しかしながら, 汎化不良の兆候は次のような現象を通して, ある程度捉えることができる. $\hat{f}_N$ の**学習誤差** (learning error), 即ち, 学習データに対する fitting 誤差 (fitting error) を E_{learn} とする. これは, 例えば, $\hat{f}_N$ の出力値と実際の値との 2 乗平均誤差として求められる. 学習データと長さは同じだが, 異なる値の列からなる時系列について予測を行ない, 同様にして**予測誤差** (prediction error) を求める. これを E_{pred} とする. $\hat{f}_n$ が過学習しているならば,

$$E_{learn} \ll E_{pred}$$

となるだろう. 良い予測モデルを得るには, 予測モデルの"最適さ"を測る尺度を, 汎化という観点から設定しなければならない. これは, 近年進展の著しい統計学習理論の研究動機にもなっている興味深い問題である [89], [213]~[215].

汎化は $\hat{f}_n$ と f^* との近さに関する概念である. $\hat{f}_n$ の f^* への収束の速さについては何も語らない. しかし, 実用的観点からは, この問題は重要である. これは**次元の呪い** (curse of dimensionality) という現象に現れる [47]. 今, M 個のパラメータによって記述される f で, ダイナミックス F を近似するとしよう. ただし, f は S 階微分可能で連続な関数とする. 入力ベクトルの次元は D とする. 時系列から M 個のパラメータを決定すると, f の推定 $\hat{f}$ が得られる. M が大きいほど, 多数のパラメータを使っていろいろな挙動を再現しやすくなるので, 近似モデルの能力は上がる. しかし, その代償として, すべてのパラメータを決定するのに, より多くの学習データが必要となるだろう. 一見簡単な近似モデルに, 多項式による展開がある.

$$\hat{x}(t + \tau T) = \boldsymbol{c}_1 \cdot \boldsymbol{x}(t) + \boldsymbol{c}_2 \cdot \boldsymbol{x}^2(t) + \ldots + \boldsymbol{c}_n \cdot \boldsymbol{x}^n(t). \tag{5.7}$$

ただし, 式 (5.7) 右辺の 2 次以上の項は, 入力ベクトルの成分間の交差項を含むものとする. 例えば, $D = 2$ ならば, 2 次の項は,

$$\boldsymbol{c}_2 \cdot \boldsymbol{x}^2(t) = c_2^{11} x^2(t) + c_2^{12} x(t) x(t - T) + c_2^{22} x^2(t - T)$$

のようになる. $D = 3$ ならば,

$$\boldsymbol{c}_2 \cdot \boldsymbol{x}^2(t) = c_2^{11} x^2(t) + c_2^{12} x(t)x(t-T)$$
$$+ c_2^{22} x^2(t-T) + c_2^{23} x(t-T)x(t-2T)$$
$$+ c_2^{33} x^2(t-2T) + c_2^{13} x(t)x(t-2T)$$

となる．2次以上の項では，交差項はもっと多くなる．推定すべきモデルパラメータの総数は，次元 D の増加とともに組合せ爆発的に増えるだろう．この場合，最良近似 f^* の F に対する近さ $\rho(f^*, F)$ は，

$$\rho(f^*, F) = O\left(M^{-\frac{S}{D}}\right)$$

であることが知られている[214]．S を固定したとき，一定の近似精度を保証するパラメータ数 M は，次元 D が増えるにつれて急速に増大する．その結果，$\hat{f}_n$ を決定するプロセスにおける計算負荷は急激に増大するであろう．この現象を次元の呪いという．

次元の呪いを克服するには，近似関数に滑らかな関数を用いるとよい．ガウス関数，あるいは，シグモイド関数を近似モデルのユニットとして選択すると，

$$\rho(f^*, F) = O\left(\frac{1}{\sqrt{M}}\right)$$

が成り立つ[44],[90],[214]．こうして，$\rho(f^*, F)$ を次元 D に依存しないようにすることができる．動径基底関数ネットワークや多層パーセプトロンを予測モデルとして利用する長所の一つは，次元の呪いを緩和できることである．

次節以降では，カオス過程のダイナミックスを近似するための有力な関数近似手法である動径基底関数ネットワーク，多層パーセプトロンについて見ることにする．これらは**大域近似法**（global approximation technique）と呼ばれる近似手法に属する．システムのダイナミックスとそれによって生み出される動的挙動は，図 5.1 に概念的に描いたように，状態空間における超曲面を形成する．大域近似法は，既知の少数のデータ（sparse examples）から推定された一つの近似関数によって，この超曲面全体を再現する．これとは対照的に，超曲面を分割し，適当な部分ごとに異なるパラメータで記述される近似関数によって動的挙動を再現する近似手法がある．これは**局所近似法**（local approximation technique）と呼ばれる．この章では，大域近似法を説明した後に，非常に使いやすい局所近似法を紹介しよう．

5.2　正則化理論と動径基底関数ネットワーク

前節で述べたように，ダイナミックスの近似関数 f を有限長の時系列から推測する問題は，f の性能を

$$H[f] = \frac{1}{N} \sum_{n=1}^{N} \left[x(t_n + \tau T) - f(\boldsymbol{x}(t_n)) \right]^2 \tag{5.8}$$

で測ると，ill-posed problem になる．f の推定 $\hat{f}_N$ を一意に定めるためには，f が属する関数のクラスを決めなければならない．**正則化理論**（regularization theory）は，この問題を手際良く解決する [200]～[202], [218]．

この節で展開する関数近似法では，f の性能は

$$H[f] = \frac{1}{N} \sum_{n=1}^{N} \left[x(t_n + \tau T) - f(\boldsymbol{x}(t_n)) \right]^2 + \kappa \psi[f] \tag{5.9}$$

によって評価される．$\kappa \geq 0$ は**正則化パラメータ**（regularization parameter）と呼ばれる係数である．$\psi[\cdot]$ は近似関数 f の滑らかさを規定する項で，

$$\psi[f] = \| \tilde{D}f \|^2 \tag{5.10}$$

のように与えられる [162]．$\| \cdot \|$ はノルム，$\tilde{D}$ は適当な微分演算子である．$\| \tilde{D}f \|^2$ は，f の滑らかさに関する先験的情報（a priori information）を表す．この先験的情報をどの程度考慮するかは，係数 κ によって調節することができる．$\psi[f]$ は，学習データがない部分における近似関数の急激な変動，あるいは，振動を抑える効果があるので，$\boldsymbol{x}$ に関する f の Fourier 係数 $\tilde{f}(\boldsymbol{s})$ を用いて，

$$\psi[f] = \int_{R^D} \frac{\left| \tilde{f}(\boldsymbol{s}) \right|^2}{\tilde{G}(\boldsymbol{s})} d\boldsymbol{s} \tag{5.11}$$

のように定義することもできる [90]．ここで，$\tilde{G}(\boldsymbol{s}) > 0$ は適当なクラスの関数 $G(\boldsymbol{x})$ の Fourier 係数であり，

$$\| \boldsymbol{s} \| \to \infty \Rightarrow \tilde{G}(\boldsymbol{s}) \to 0$$

を満たすものとする．式（5.11）おいて，$\psi[f] = 0$ を満たす関数 f の集合を，関数空間における ψ の**ゼロ空間**（null space）という．もしも f がゼロ空間の要素ならば，$\psi[f]$ によって f の滑らかさを規定することができない．ゼロ空間の要素でなければ，f が激しく変動すると，$\psi[f]$ は大きな値を取るだろう．f の Fourier 変換

$$f(\boldsymbol{x}) = \int_{R^D} \tilde{f}(\boldsymbol{s}) \exp(2\pi i \boldsymbol{x} \cdot \boldsymbol{s}) d\boldsymbol{s}$$

を用いて，式（5.9）を書き直そう．

$$H[\tilde{f}] = \frac{1}{N} \sum_{n=1}^{N} \left[x(t_n + \tau T) - \int_{R^D} \tilde{f}(\boldsymbol{s}) \exp(2\pi i \boldsymbol{x}(t_n) \cdot \boldsymbol{s}) d\boldsymbol{s} \right]^2$$

$$+ \kappa \int_{R^D} \frac{\left| \tilde{f}(\boldsymbol{s}) \right|^2}{\tilde{G}(\boldsymbol{s})} d\boldsymbol{s}. \tag{5.12}$$

式（5.12）右辺の第 1 項は，f が学習データを再現できなければ，ペナルティーを科す．第 2 項は，f の振動に対してペナルティーを科す．こうして，最適な

近似関数は，学習データを再現でき，かつ，急激な変動の少ない関数となる．$H[\tilde{f}]$ を最小にする f を求めてみよう．ただし，f は実関数であるとする．この場合，$H[\tilde{f}]$ は

$$
H[\tilde{f}] = \frac{1}{N} \sum_{n=1}^{N} \left[x(t_n + \tau T) - \int_{R^D} \tilde{f}(\boldsymbol{s}) \exp(2\pi i \boldsymbol{x}(t_n) \cdot \boldsymbol{s}) d\boldsymbol{s} \right]^2
$$
$$
+ \kappa \int_{R^D} \frac{\tilde{f}(\boldsymbol{s})\tilde{f}(-\boldsymbol{s})}{\tilde{G}(\boldsymbol{s})} d\boldsymbol{s} \tag{5.13}
$$

に書きかえられる．$\boldsymbol{u}$ における $\tilde{f}$ の変動 $\tilde{f}(\boldsymbol{u})$ に対して，$H[\tilde{f}]$ が停留値を取ることを要請すると，

$$
\frac{\delta H[\tilde{f}]}{\delta \tilde{f}(\boldsymbol{u})} = 0 \tag{5.14}
$$

である．$H[\tilde{f}]$ は関数 $\tilde{f}$ から数値への写像である．したがって，式（5.14）は通常の意味での微分ではない．式（5.14）の計算を進めるために必要な事項を，以下に簡単にまとめておく [96]．関数 $a(\boldsymbol{x})$ を入力として，数値を出力する汎関数 $K[a]$ を考える．a の変動に対する $K[a]$ の変化率は，形式的に，

$$
\frac{\delta K[a]}{\delta a} = \lim_{\epsilon \to 0} \frac{K[a + \epsilon \delta_D] - K[a]}{\epsilon} \tag{5.15}
$$

と定義される．ここで，$\delta_D(\boldsymbol{x})$ は Dirac のデルタ関数であり，以下のような性質を持つ．

$$
\int_{-\infty}^{\infty} \delta_D(x) dx = 1, \tag{5.16}
$$

$$
\int_{-\infty}^{\infty} a(x) \delta_D(x - x_0) dx = a(x_0), \tag{5.17}
$$

$$
\int_{-\infty}^{\infty} \exp(2\pi i x \cdot s) ds = \delta_D(x). \tag{5.18}
$$

$K[a]$ として，

$$
K[a] = \int_{R^D} a(\boldsymbol{z}) \delta_D(\boldsymbol{z} - \boldsymbol{y}) d\boldsymbol{z}
$$
$$
= a(\boldsymbol{y})
$$

を考えると，

$$
\frac{\delta K[a]}{\delta a(\boldsymbol{x})} = \lim_{\epsilon \to 0} \left[\frac{1}{\epsilon} \int_{R^D} [a(\boldsymbol{z}) + \epsilon \delta_D(\boldsymbol{x} - \boldsymbol{z})] \delta_D(\boldsymbol{z} - \boldsymbol{y}) d\boldsymbol{z} \right]
$$
$$
- \frac{1}{\epsilon} \int_{R^D} a(\boldsymbol{z}) \delta_D(\boldsymbol{z} - \boldsymbol{y}) d\boldsymbol{z}
$$
$$
= \delta_D(\boldsymbol{x} - \boldsymbol{y})
$$
$$
= \frac{\delta a(\boldsymbol{y})}{\delta a(\boldsymbol{x})} \tag{5.19}
$$

が導かれる．この関係を用いて，式（5.14）を計算すると，

$$\frac{\delta H[\tilde{f}]}{\delta \tilde{f}(\boldsymbol{u})} = -\frac{2}{N} \sum_{n=1}^{N} [x(t_n + \tau T) - f(\boldsymbol{x}(t_n))] \int_{R^D} \frac{\delta \tilde{f}(\boldsymbol{s})}{\delta \tilde{f}(\boldsymbol{u})} \exp(2\pi i \boldsymbol{x}(t_n) \cdot \boldsymbol{s}) d\boldsymbol{s}$$

$$+ 2\kappa \int_{R^D} \frac{\tilde{f}(-\boldsymbol{s})}{\tilde{G}(\boldsymbol{s})} \frac{\delta \tilde{f}(\boldsymbol{s})}{\delta \tilde{f}(\boldsymbol{u})} d\boldsymbol{s}$$

$$= -\frac{2}{N} \sum_{n=1}^{N} [x(t_n + \tau T) - f(\boldsymbol{x}(t_n))] \int_{R^D} \delta_D(\boldsymbol{s} - \boldsymbol{u}) \exp(2\pi i \boldsymbol{x}(t_n) \cdot \boldsymbol{s}) d\boldsymbol{s}$$

$$+ 2\kappa \int_{R^D} \frac{\tilde{f}(-\boldsymbol{s})}{\tilde{G}(\boldsymbol{s})} \delta_D(\boldsymbol{s} - \boldsymbol{u}) d\boldsymbol{s}$$

$$= -\frac{2}{N} \sum_{n=1}^{N} [x(t_n + \tau T) - f(\boldsymbol{x}(t_n))] \exp(2\pi i \boldsymbol{x}(t_n) \cdot \boldsymbol{u}) + 2\kappa \frac{\tilde{f}(-\boldsymbol{u})}{\tilde{G}(\boldsymbol{u})}$$

$$= 0 \tag{5.20}$$

となる．$-\boldsymbol{u}$ を $\boldsymbol{u}$ に書き換えると，

$$\tilde{f}(\boldsymbol{u}) = \tilde{G}(-\boldsymbol{u}) \sum_{n=1}^{N} \frac{x(t_n + \tau T) - f(\boldsymbol{x}(t_n))}{N\kappa} \exp(-2\pi i \boldsymbol{x}(t_n) \cdot \boldsymbol{u}) \tag{5.21}$$

が得られる．ここで，係数 c_n を，

$$c_n = \frac{x(t_n + \tau T) - f(\boldsymbol{x}(t_n))}{N\kappa}$$

とおき，$\tilde{G}(\boldsymbol{u}) = \tilde{G}(-\boldsymbol{u})$ を仮定して，逆 Fourier 変換すると，

$$f(\boldsymbol{x}) = \sum_{n=1}^{N} c_n \delta_D(\boldsymbol{x}(t_n) - \boldsymbol{x}) * G(\boldsymbol{x})$$

$$= \sum_{n=1}^{N} c_n G(\boldsymbol{x} - \boldsymbol{x}(t_n)) \tag{5.22}$$

が導かれる．ただし，$*$ は畳込みを表す（第 1.5 節参照）．式 (5.22) は，時系列予測のみならず，パターン認識や物体認識等，帰納的推論に関する様々な問題に応用できる．一般的な表現に直すために，式 (5.22) を N 対の学習データ $\{\boldsymbol{x}_n, y_n\}_{n=1}^{N}$ に関する結果に書き換えよう．時系列予測の場合には，$\boldsymbol{x}_n = \boldsymbol{x}(t_n)$，$y_n = x(t_n + \tau T)$ である．

$$f(\boldsymbol{x}) = \sum_{n=1}^{N} c_n G(\boldsymbol{x} - \boldsymbol{x}_n), \tag{5.23}$$

$$c_n = \frac{y_n - f(\boldsymbol{x}_n)}{N\kappa}. \tag{5.24}$$

$G(\boldsymbol{x} - \boldsymbol{x}_n)$ は基底関数（basis function）である．近似関数のうち，ψ のゼロ空間に属する部分 f_0 は式 (5.9) で評価されないので，この部分を補うと，

$$f(\boldsymbol{x}) = \sum_{n=1}^{N} c_n G(\boldsymbol{x} - \boldsymbol{x}_n) + f_0(\boldsymbol{x}) \tag{5.25}$$

となる。ゼロ空間が N_0 次元で，その基底関数を g_k $(k = 1, \ldots, N_0)$ とすると，

$$f(\boldsymbol{x}) = \sum_{n=1}^{N} c_n G(\boldsymbol{x} - \boldsymbol{x}_n) + \sum_{k=1}^{N_0} d_k g_k(\boldsymbol{x}) \tag{5.26}$$

という一般形が得られる。これを**正則化ネットワーク**（regularization network）という。N 個の $G(\boldsymbol{x} - \boldsymbol{x}_n)$ と N_0 個の $g_k(\boldsymbol{x})$ を組み合わせて超曲面（図 5.1）を再現する様子は，多数の煉瓦を積み上げることによって様々な建物が作られる過程にたとえることができるだろう。基底関数の適切な組み合わせ方を探索するプロセスが，学習に相当する。

$\tilde{G}(\boldsymbol{s})$ を適当に設定すると，基底関数 G の具体的な形が決まる。例えば，

$$\tilde{G}(\boldsymbol{s}) = \exp(- \parallel \boldsymbol{s} \parallel^2 / \alpha)$$

ならば，G はガウス関数

$$G(\boldsymbol{x}) = \exp(-\alpha \parallel \boldsymbol{x} \parallel^2)$$

である。このように，引数がノルムで与えられる $G(\parallel \boldsymbol{x} \parallel)$ を**動径基底関数**（radial basis function）という。動径基底関数は実際の計算に便利である。以下に，動径基底関数の例を挙げておく[90]。ただし，$r = \parallel \boldsymbol{x} \parallel$ である。

1. $G(r) = \exp(-\alpha r^2), \ N_0 = 0$
2. $G(r) = \sqrt{r^2 + a^2}$
3. $G(r) = \left(\sqrt{r^2 + a^2}\right)^{-1}, \ N_0 = 0$
4. $G(r) = r^{2n} \ln r$

ガウス関数はゼロ空間を持たないので，便利な基底関数である。このような基底関数から構成される正則化ネットワークは，**動径基底関数ネットワーク**（radial basis function network），あるいは，**RBF ネットワーク**と呼ばれる。動径基底関数ネットワークの構造を概念的に示したのが，図 5.3 である。ネットワー

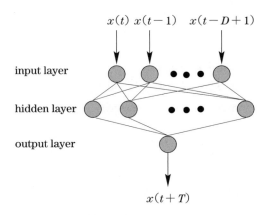

図 5.3　動径基底関数ネットワークの構造.

クは，入力層（input layer），隠れ層（hidden layer），出力層（output layer）からなる．入力層の各ノードは，入力値を隠れ層にそのまま受け渡す．隠れ層の各ノードは基底関数に対応する．これらは出力値を出力層のノードに渡す．隠れ層と出力層との間の結合係数が c_n である．

ガウス関数による動径基底関数ネットワークを詳しく見てみよう．基底関数 $G(\boldsymbol{x}) = \exp(-\alpha|\boldsymbol{x} - \boldsymbol{x}_n|^2)$ の中心値 $\boldsymbol{x}_n$ は，学習データの入力ベクトルである．α は入力ベクトル対間の平均距離の逆数にとることができる．したがって，最適化すべきパラメータは c_n だけであり，これらは比較的求めやすい．しかしながら，基底関数の個数が学習データ数に等しいので，学習データ量が多い場合には，ネットワークの規模が非常に大きくなる．Poggio（ポッジオ）と Girosi（ジローシ）は，動径基底関数ネットワークの考えを発展させて，基底関数の個数を学習データ数よりも少なくできるようにした．

$$f(\boldsymbol{x}) = \sum_{h=1}^{Q} c_h G(\boldsymbol{x} - \boldsymbol{\theta}_h)$$
$$= \sum_{h=1}^{Q} c_h \exp(-\alpha_h |\boldsymbol{x} - \boldsymbol{\theta}_h|^2). \tag{5.27}$$

Q は基底関数の個数で，$Q < N$ である．$\boldsymbol{\theta}_h = \{\theta_{hi}\}, \ i = 1, \ldots, D; h = 1, \ldots, Q$ は学習によって最適化される中心値であり，学習データ $\boldsymbol{x}_h$ と一致しなくてもよい．また，α_h も学習によって最適化されるパラメータである．このようなネットワークでは，基底関数そのものが学習によって最適化される．Poggio と Girosi は，このような基底関数を**超基底関数**（hyper basis function）と呼んだ．式（5.27）のような構造の正則化ネットワークを，**超基底関数ネットワーク**（hyper basis function network），**hyper-BF ネットワーク**，あるいは，**一般化動径基底関数ネットワーク**（generalized radial basis function network）という．**一般化正則化ネットワーク**（generalized regularization network）と呼ばれることもある．本書では，これらを単に動径基底関数ネットワークと呼ぶことにする．

動径基底関数ネットワークには，脳の構造と機能に関して，いくつかの類似点があると考えられている[124], [161]．脳は，シナプス結合によって結ばれた莫大な数の神経細胞から成る．視覚野では，多数の神経細胞が集合して基本構成要素としての集合体を形成し，これら集合体が多数結合したシステムが視覚認識を実行しているようである．各々の神経細胞集合体は，特定のパターンの視覚入力情報に対して強く反応し，入力パターンと特定パターンとの差が大きくなるにつれて，その反応が弱まる事実が観測されている[124]．神経細胞集合体の応答特性は，特定パターンを中心値とする釣鐘型関数でモデル化される．ガウス関数のような釣鐘型基底関数を神経細胞集合体に例えると，動径基底関数ネットワークは，視覚野の構造と機能を数学的にモデル化するための有力な手

法になり得る．

　動径基底関数ネットワークの最適化，即ち，ネットワークパラメータ $c_h, \boldsymbol{\theta}_h = \{\theta_{hi}\}, \alpha_h$ の最適化は，**勾配降下法**（gradient descent）を利用して実行することができる．降下法の詳細については，文献 [17], [32] を参照されたい．パラメータの総数は $Q + DQ + Q = Q(D+2)$ である．ネットワークパラメータの学習則の具体的な形を，ガウス関数を基底関数とする動径基底関数ネットワークについて示す．N 対の学習データ $\{\boldsymbol{x}_n, y_n\}_{n=1}^N$ について，学習誤差を

$$H_N[f] = \frac{1}{N} \sum_{n=1}^N [y_n - f(\boldsymbol{x}_n)]^2 \tag{5.28}$$

によって評価する．基底関数のクラスはすでに決まっているので，その滑らかさを測る項 ψ は省略される．学習データ数はパラメータ数に対して，$N \geq Q(D+2)$ でなくてはならない．$N \gg Q(D+2)$ であることが望ましい．実際上は，学習データ数がパラメータ数の 10 倍以上でなければ，汎化不良が起こりやすいだろう．時系列予測の場合には，埋め込み次元を変更することはできない．したがって，隠れ層ノード数を変更することによって，学習データ数とパラメータ数との関係を確保しなければならない．ネットワークパラメータを一括して $\boldsymbol{w}$ で表し，$\boldsymbol{w}$ の計算プロセスにおける計算時間ステップを連続変数 s で表すと，学習則は

$$\frac{d\boldsymbol{w}}{ds} = -\eta \frac{\partial H_N}{\partial \boldsymbol{w}} \tag{5.29}$$

によって与えられる．$\eta > 0$ は**学習率**（learning rate）と呼ばれる定数である．最適化プロセスにおける学習誤差の時間変化は，

$$
\begin{aligned}
\frac{dH_N}{ds} &= \frac{\partial H_N}{\partial \boldsymbol{w}} \cdot \frac{d\boldsymbol{w}}{ds} \\
&= -\eta \left(\frac{\partial H_N}{\partial \boldsymbol{w}} \right)^2 \leq 0
\end{aligned}
\tag{5.30}
$$

であるから，式（5.29）によって $\boldsymbol{w}$ を更新すると，学習誤差は常に減少する．式（5.29）は便利な学習則であるが，問題がある．式（5.29）は学習誤差を減少させることはできるが，$\boldsymbol{w}$ の最適解に到達することができない．何故ならば，図 5.4 に概念的に示したように，一般に H_N は $\boldsymbol{w}$ に対して多数の極小点を持つからである．式（5.29）はどれか一つの極小点を見つけることができる．これを $\boldsymbol{w}$ の**局所最適解**（locally optimal solution）という．これに対して，ネットワークパラメータのすべての値に対して学習誤差が最小であるような $\boldsymbol{w}$ を**大域最適解**（globally optimal solution）という．式（5.29）によって探索された局所最適解が，大域最適解であるという保証はない．一般に，近似関数 f が $\boldsymbol{w}$ について非線形であるならば，どのような学習則を用いても，$\boldsymbol{w}$ の大域最適解を見つけることはできない．

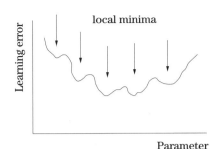

図 5.4 ネットワークパラメータと学習誤差の関係. 学習誤差を極小にするパラメータ値（局所最適解，local minima）が多数存在する.

ガウス関数を基底関数とする動径基底関数ネットワークについて，式 (5.29) の学習則を漸化式に書き直す.

$$c_h(k+1) = c_h(k) - \eta_c \frac{\partial H_N}{\partial c_h}(k), \tag{5.31}$$

$$\theta_{hi}(k+1) = \theta_{hi}(k) - \eta_\theta \frac{\partial H_N}{\partial \theta_{hi}}(k), \tag{5.32}$$

$$\alpha_h(k+1) = \alpha_h(k) - \eta_\alpha \frac{\partial H_N}{\partial \alpha_h}(k), \tag{5.33}$$

$$i = 1, \ldots, D,$$

$$h = 1, \ldots, Q.$$

$0 < \eta_c, \eta_\theta, \eta_\alpha \le 1$ は学習率である. これらの係数は，多くの場合，0.1 以下に設定すると，良い結果が得られやすい. 学習誤差が非常に大きい局所最適解を避けるには，上に示した各漸化式の右辺に白色ノイズのような乱数 $\xi(k)$ を加えると有効である. この学習則を**確率的勾配降下法**（stochastic gradient descent）という.

$$c_h(k+1) = c_h(k) - \eta_c \frac{\partial H_N}{\partial c_h}(k), \tag{5.34}$$

$$\theta_{hi}(k+1) = \theta_{hi}(k) - \eta_\theta \frac{\partial H_N}{\partial \theta_{hi}}(k) + \delta(k)\xi(k), \tag{5.35}$$

$$\alpha_h(k+1) = \alpha_h(k) - \eta_\alpha \frac{\partial H_N}{\partial \alpha_h}(k) + \delta(k)\xi(k). \tag{5.36}$$

ただし，学習誤差の改善が停滞するならば $\delta(k) = 1$, そうでないならば $\delta(k) = 0$ とおくことによって，$\xi(k)$ を加えるタイミングを制御する. $\xi(k)$ は局所最適解からの脱出を促す摂動として作用する. $c_h, \theta_{hi}, \alpha_h$ の順に学習アルゴリズムを実行し，学習誤差が適当な閾値以下となったときに，学習を停止する.

動径基底関数ネットワークの適用事例として，Hènon 時系列の短期予測を示そう. 利用可能な時系列が非常に短い場合を想定して，データ点数は $N = 500$ とする. 時系列を前半 250 点，後半 250 点に分割し，それぞれの時系列について入力ベクトル・出力値対 $\{\boldsymbol{x}(t), x(t+\tau T)\}$ を作成する. ただし，埋め込み

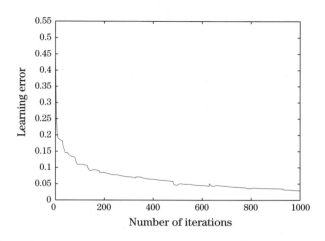

図 5.5　動径基底関数ネットワークの Hènon 写像学習過程における学習誤差の変化.

次元は $D = 2$，埋め込みの時差は $T = 1$，予測時間 $\tau = 1$ とする．1 時間ステップ過去の値と現在の値を入力して，1 時間ステップ未来の値を予測する動径基底関数ネットワークを求めるのである．動径基底関数ネットワークの構造は，入力ノード数 2，隠れノード数 5，出力ノード数 1 とする．基底関数にはガウス関数を用いる．5 個のガウス関数を組み合わせて，Hènon 写像のダイナミックスが表す超曲面を近似する．前半時系列から作成した入力ベクトル・出力値対について，確率的勾配降下法を用いて学習を行なう．ただし，学習率は，

$$\eta_c = \eta_\theta = \eta_\alpha = 0.001$$

とする．c_h, θ_{hi} の初期値は乱数を用いて決定し，α_h の初期値は入力ベクトル間の平均距離の逆数に設定する．学習過程において学習誤差が推移する様子を，学習アルゴリズムの繰り返し実行回数の関数として観測した．結果を図 5.5 に示す．ネットワークパラメータの最適化が徐々に進行する様子がわかる．学習終了後，学習には使用していない後半時系列から作成した入力ベクトルをネットワークに入力し，予測値を得た．学習誤差と予測誤差を，ネットワークの出力値と実際の値との平均 2 乗平方根誤差を実測値の標準偏差で規格化した値によって評価した．結果は

$$E_{learn} = 0.092, \quad E_{pred} = 0.083$$

となった．汎化不良の兆候は認められない．図 5.6 に，後半時系列の最初の 50 点に関する予測値と実測値との対応を示す．図 5.7 は後半時系列全体の予測残差である．予測残差にはややバイアス（bias）がかかっているが，予測は成功であると言える．カオス時系列の短期予測は可能である．

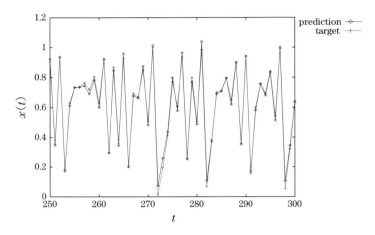

図 5.6 動径基底関数ネットワークによる Hènon 時系列の短期予測（$\tau = 1$）：予測値（◇），実測値（+）.

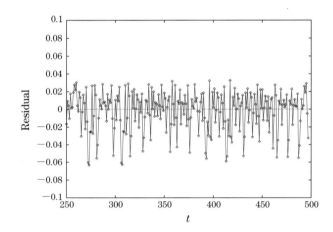

図 5.7 動径基底関数ネットワークによる Hènon 時系列の短期予測における予測残差.

5.3 多層パーセプトロン

　脳の基本構成単位である神経細胞は，独特な構造と応答特性を持つ．一つの神経細胞は，他の細胞から伝達された信号を受ける入力端子を多数持っている．これらの端子に入力された信号が積算されて，神経細胞内部の電位がある閾値を越えて上昇すると，この細胞は他の細胞に向けて信号パルスを発射する．細胞内部の電位を入力，パルスの発火頻度を出力と見ると，入力・出力応答関数は**シグモイド関数**（sigmoid function）

$$G(x) = \frac{1}{1 + \exp(-x + \theta)}$$

によってモデル化される（図 5.8）．θ は発火閾値を表現するパラメータである．神経細胞が多数結合して脳を形成する事実をヒントにして，学習機能を持つ予

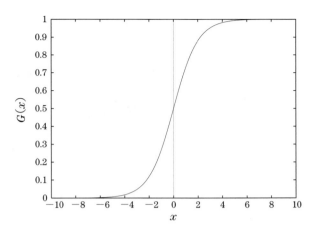

図 5.8 シグモイド関数の入力・出力特性.

測・推論モデルを考えることができる. シグモイド関数という特別なクラスの
関数を基底関数のように扱ってネットワークを組むことによって入力・出力写
像を再現し, 推論と学習を行なう近似手法を**多層パーセプトロン**（multilayer
perceptron）という. これは, **ニューラルネットワーク**（neural network）と
呼ばれる脳の構造を真似た人工知能モデルの代表例である[67],[98],[176]. 現在で
は, 標準的な大域近似手法として受け入れられている. 動径基底関数ネットワー
クでは, 神経細胞集合体を基本ユニットとしてネットワークが構築されたが,
多層パーセプトロンでは, 神経細胞単体がネットワークの基本ユニットとなる.
多層パーセプトロンは正則化理論から導かれる近似モデルではない. シグモイ
ド関数で構成される関数空間がちゅう密（dense）であるため, 多層パーセプト
ロンは超曲面を任意の精度で近似できる.

決定論的な非線形ダイナミックスによる時間発展

$$x(t + \tau T) = F\left[\boldsymbol{x}(t)\right]$$

を多層パーセプトロンによって近似しよう. 多層パーセプトロンの基本構造を
図 5.9 に示す. 動径基底関数ネットワークと同様, 入力層, 隠れ層, 出力層か
らなる. 入力ノードは, 入力値に重み係数を掛けて, 隠れ層に受け渡す. 隠れ
層と出力層の各ノードは, シグモイド関数で構成される. 隠れ層から出力層に
渡される値にも, 重み係数が掛けられる. 図 5.9 には隠れ層が 1 層のみ描かれ
ているが, 2 層以上に増やしてもよい. 隠れ層が 1 層のパーセプトロンを, 3 層
パーセプトロンと呼ぶ. 以下では, 3 層パーセプトロンに焦点を絞って議論を
進める. 4 層パーセプトロンへの拡張は容易であろう.

3 層パーセプトロンの入力ノードに, 埋め込みベクトルの各成分 $x(t - iT)$,
$i = 0, \ldots, D - 1$ を入力する. ただし, $i = D$ で指定される最後の入力ノード
には, 常に 1 を入力する. このノードは隠れ層の各ノードの発火閾値に対応す

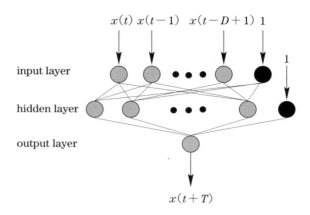

図 5.9　多層パーセプトロンの構造.

る．こうして，$i = 0, \ldots, D$ が多層パーセプトロンの入力ノード番号に対応する．入力層の i 番ノードから，隠れ層の h 番ノードへの結合係数を $w_{hi}^{(1)}$，h 番ノードの入力値を u_h で表示し，

$$u_h = \sum_{i=0}^{D-1} w_{hi}^{(1)} x(t - iT) + w_{hD}^{(1)}, \qquad (5.37)$$
$$h = 0, \ldots, Q-1$$

と決める．$w_{hD}^{(1)}$ は h 番ノードの発火閾値である．$h(= 0, \ldots, Q-1)$ 番ノードの出力値は，

$$\frac{1}{1 + \exp(-u_h)}$$

である．この値は出力層の各ノードに重みをつけて渡される．隠れ層には，最後のノード $h = Q$ がある．これは入力層と分離されており，常に 1 を入力する．このノードは出力層のノードの発火閾値に対応する．こうして，$h = 0, \ldots, Q$ が隠れ層のノード番号に対応する．隠れ層の h 番ノードから，出力層の j 番ノードへの結合係数を $w_{jh}^{(2)}$，j 番ノードの入力値を v_j で表し，

$$v_j = \sum_{h=0}^{Q-1} \frac{w_{jh}^{(2)}}{1 + \exp(-u_h)} + w_{jQ}^{(2)} \qquad (5.38)$$

と決める．図 5.9 は，時系列予測モデルを想定しているので，出力ノードが一つしか描かれていないが，一般の多層パーセプトロンは，多数の出力ノードを持つことができる．出力層の j 番ノードからの出力値 y_j は

$$y_j = \frac{1}{1 + \exp(-v_j)} \qquad (5.39)$$

である．時系列予測では，

$$\hat{x}(t + \tau T) = y_0 = \frac{1}{1 + \exp(-v_0)} \qquad (5.40)$$

によって予測値 $\hat{x}(t+\tau T)$ が得られる．3層パーセプトロンを記述するパラメータは，$w_{hi}^{(1)}, w_{jh}^{(2)}$ $(i = 0, \ldots, D; h = 0, \ldots, Q; j = 0)$ である．パラメータの総数は $(D+1)Q + (Q+1) = DQ + 2Q + 1$ である．**誤差逆伝播学習則**または**バックプロパゲーション学習則**（error backpropagation learning rule）は，多層パーセプトロンのパラメータをデータから自動的に決定するための最適化アルゴリズムである．この学習則のおかげで，多層パーセプトロンは実用的な近似手法としての地位を獲得したと言えるだろう．その概要を見てみよう．

時系列データから，D 次元の埋め込みによって作成した入力ベクトル・出力値対 $\{\boldsymbol{x}(t_n), x(t_n + \tau T)\}_{n=1}^{N}$ を学習データとして用いる．ただし，動径基底関数ネットワークと同様，学習データ数はパラメータ数に対して $N \geq DQ + 2Q + 1$ でなければならない．$N \gg DQ + 2Q + 1$ であることが望ましい．実際上は，学習データ数がパラメータ数の 10 倍以上でなければ，汎化不良が起こりやすいだろう．入力ベクトル $\boldsymbol{x}(t_n)$ を入力したとき，出力値を $y(n) = \hat{x}(t_n + \tau T)$ で表し，学習誤差を

$$\epsilon(n) = \frac{1}{2} \left[x(t_n + \tau T) - y(n) \right]^2$$

で評価する．$\epsilon(n)$ を各入力ベクトルについて積算した値

$$H_N = \frac{1}{N} \sum_{n=1}^{N} \epsilon(n)$$

が適当な値以下となるように $w_{hi}^{(1)}, w_{jh}^{(2)}$ を決定すればよい．出力値の変動に対する学習誤差の変動を $\delta\epsilon(n)$ と書くと，

$$\delta\epsilon(n) = \delta y(n) \left[x(t_n + \tau T) - y(n) \right]$$

が成り立つ．ここで，シグモイド関数の導関数が

$$\begin{aligned}
\frac{dG(x)}{dx} &= \frac{d}{dx} \left[\frac{1}{1 + \exp(-x)} \right] \\
&= \frac{1}{1 + \exp(-x)} \cdot \frac{\exp(-x)}{1 + \exp(-x)} \\
&= G(x) \left[1 - G(x) \right]
\end{aligned} \tag{5.41}$$

と表されることを考慮すると，

$$\delta\epsilon(n) = y(n) \left[1 - y(n) \right] \left[x(t_n + \tau T) - y(n) \right] \tag{5.42}$$

と書き直すことができる．式（5.42）を利用すると，誤差逆伝播学習則を簡潔に表現できる．

$w_{jh}^{(2)}$ を最適化する漸化式は，

$$w_{jh}^{(2)}(k+1) = w_{jh}^{(2)}(k) + \eta_2 \delta\epsilon(n) + \beta_2 \Delta w_{jh}^{(2)}(k), \qquad (5.43)$$

$$\Delta w_{jh}^{(2)}(k) = w_{jh}^{(2)}(k) - w_{jh}^{(2)}(k-1),$$

$$0 < \eta_2 \le 1, \qquad 0 \le \beta_2 \le 1 \qquad (5.44)$$

である. η_2 は学習率, β_2 は**運動量因子**（momentum factor）と呼ばれる定数である. これらの係数は, 多くの場合, 0.1 以下の値に設定するとよいだろう. 運動量因子は局所最適解からの脱出を促す効果がある. 漸化式 (5.43) はすべての学習データに対して適用される.

$w_{hi}^{(1)}$ の最適化プロセスは独特である. $\delta\epsilon(n)$ に $w_{jh}^{(2)}$ の重みをつけて, 出力層から隠れ層に逆流させ, $\sum_j w_{jh}^{(2)} \cdot \delta\epsilon(n)$ を隠れ層の h 番ノードにおける変動と見なす. この仮定が誤差逆伝播学習則の語源である. 入力ベクトル $\boldsymbol{x}(t_n)$ に関する h 番ノードからの出力値は

$$G\left[u_h(n)\right] = \frac{1}{1 + \exp\left(-u_h(n)\right)}$$

であるから,

$$\Delta_h(n) = G\left[u_h(n)\right]\left(1 - G\left[u_h(n)\right]\right) \cdot \sum_j w_{jh}^{(2)} \delta\epsilon(n) \qquad (5.45)$$

を $w_{hi}^{(1)}$ の最適化プロセスにおける誤差と見なす. こうして, $w_{hi}^{(1)}$ を最適化する漸化式が得られる.

$$w_{hi}^{(1)}(k+1) = w_{hi}^{(1)}(k) + \eta_1 \Delta_h(n) + \beta_1 \Delta w_{hi}^{(1)}(k), \qquad (5.46)$$

$$\Delta w_{hi}^{(1)}(k) = w_{hi}^{(1)}(k) - w_{hi}^{(1)}(k-1),$$

$$0 < \eta_1 \le 1, \qquad 0 \le \beta_1 \le 1. \qquad (5.47)$$

η_1 は学習率, β_1 は運動量因子である. これらの係数も, 多くの場合, 0.1 以下の値に設定するとよいだろう. 漸化式 (5.46) もすべての学習データに対して適用される.

$w_{jh}^{(2)}$ の最適化を最初に行ない, 次に $w_{hi}^{(1)}$ を最適化するというプロセスをすべての学習パターンについて繰り返し実行し, H_N が適当な値以下になったときに, $w_{hi}^{(1)}, w_{jh}^{(2)}$ の最適化が終了する. $w_{hi}^{(1)}, w_{jh}^{(2)}$ の初期値は, 筆者の経験からは, 入力値の変動幅に比べて十分に小さな値に設定しておくとよいと思われる.

3 層パーセプトロンの適用事例として, Hènon 時系列の短期予測を示そう. 前節と同様に, データ点数は $N = 500$ とする. 時系列を前半 250 点, 後半 250 点に分割し, それぞれの時系列について, 入力ベクトル・出力値対 $\{\boldsymbol{x}(t), x(t+\tau T)\}$ を作成する. ただし, 埋め込み次元は $D = 2$, 埋め込みの時差は $T = 1$, 予測時間 $\tau = 1$ とする. 動径基底関数ネットワークの適用事例と同様, 最近未来予測を行なうための 3 層パーセプトロンを求める. 3 層パーセプトロンの構造は, 入力ノード数 3, 隠れノード数 5, 出力ノード数 1 とする. 入力層と隠れ層に

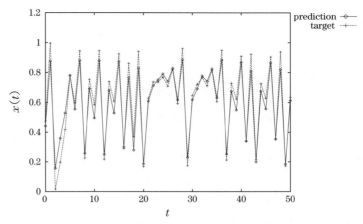

図 5.10　多層パーセプトロンによる Hènon 時系列の短期予測（$\tau = 1$）：予測値（◇），実測値（+）.

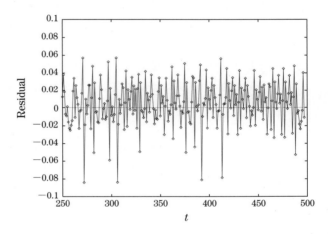

図 5.11　多層パーセプトロンによる Hènon 時系列の短期予測における予測残差.

は，発火閾値に対応するノードが含まれている．前半時系列から作成した入力ベクトル・出力値対を用いて，学習を実行した．ただし，学習率と運動量因子は

$$\eta_1 = \eta_2 = 0.02, \qquad \beta_1 = \beta_2 = 0.01$$

である．$w_{hi}^{(1)}, w_{jh}^{(2)}$ の初期値は，-0.3 から 0.3 の範囲の乱数とした．学習終了後，学習には使用していない後半時系列から作成した入力ベクトルを 3 層パーセプトロンに入力して予測値を求め，動径基底関数ネットワークの適用事例と同様な方法で予測誤差を得た．結果は

$$E_{learn} = 0.098, \qquad E_{pred} = 0.091$$

であった．汎化不良の兆候は認められない．図 5.10 に，後半時系列の最初の 50 点に関する予測値と実測値との対応を示す．図 5.11 は後半時系列全体の予測残

差である．予測残差にはややバイアスがかかっているが，予測は成功であると
言える．

5.4 局所近似モデル

　時系列に決定論性が残存しているとする．現在の挙動と似たような挙動が過
去に観測されていたならば，現在の挙動が発展する様子は，過去の事例と似た
ものになるだろう．この考え方を忠実に再現した予測法の一つが，Sugihara と
May によって開発された局所近似法である [191]．D 次元の埋め込み空間におけ
るベクトル $\boldsymbol{x}(t)$ に対する τ 時間ステップ未来の値を $y = x(t+\tau T)$ で表す．時
系列データ $\{x(t)\}$ から，$\{\boldsymbol{x}(t), x(t+\tau T)\}$ の対で表される時間発展のパター
ンを多数作成し，これらを時間発展の実現例を代表する参照データベースと見
なす．今，参照データベースにはない挙動 $\boldsymbol{x}(t_p)$ が観測されたとする．ユーク
リッド距離によってベクトル間の距離を測り，$\boldsymbol{x}(t_p)$ に近いベクトル $\boldsymbol{x}(t_n)$ を
参照データベースから見つける．これらのベクトルは，現在の挙動に類似する
過去の挙動を表す．類似例が Q 例あるとしよう．それらを $\{\boldsymbol{x}(t_n), y_n\}_{n=1}^{Q}$ の
ように表す．過去の類似例に基づく予測は，次式のように構成される．

$$\hat{y}_p = f(y_1, \ldots, y_Q). \tag{5.48}$$

$\hat{y}_p$ は，$\boldsymbol{x}(t_p)$ の τ 時間ステップ未来の値 y_p に関する予測値である．f はダイ
ナミックスを表す近似関数である．f の簡単な形は

$$\hat{y}_p = \sum_{n=1}^{Q} c_n y_n, \tag{5.49}$$

$$\sum_{n=1}^{Q} c_n = 1, \quad 0 \le c_n \le 1 \tag{5.50}$$

である．c_n は重み係数で，予測に対して前例 y_n が寄与する割合を表す．これ
は，$\boldsymbol{x}(t_p)$ と $\boldsymbol{x}(t_n)$ の近さに応じて決まる係数である．したがって，c_n は，一
般に定数ではなく，$\boldsymbol{x}(t_n)$ に関する非線形関数となる．

$$c_n = c\left[\boldsymbol{x}(t_n)\right].$$

Sugihara と May は，このような考えを以下のように具体化した．参照データ
ベースから，$\boldsymbol{x}(t_p)$ を取り囲む最小の $D+1$ 多面体の頂点を指すベクトル $\boldsymbol{x}(t_n)$
$(n = 1, \ldots, D+1)$ を探索する．$\boldsymbol{x}(t_p)$ の未来に関する予測値は次式で与えら
れる．

$$\hat{y}_p = \frac{\sum_{n=1}^{D+1} y_n \exp\left(-\alpha d_n\right)}{\sum_{n=1}^{D+1} \exp\left(-\alpha d_n\right)}, \tag{5.51}$$

$$d_n = \left|\boldsymbol{x}(t_p) - \boldsymbol{x}(t_n)\right|. \tag{5.52}$$

定数 α はベクトル間の距離を測る計量に関係する係数と解釈される．通常，$\alpha = 1$ とおくが，この係数は予測誤差が少なくなるように最適化することができる．**Caprile–Girosi**（キャプライル–ジローシ）アルゴリズム[57] は，係数 α を最適化するための便利な手法である．これはランダム探索の一種である．確率的区間縮小法と呼ぶことができるだろう．収束は遅いが（1 次収束である），勾配降下法とは異なり，微分係数の計算を必要としないので，アルゴリズムの構成が簡単である．その概要を以下に記す．

Caprile–Girosi アルゴリズムによる α の最適化

1. α の初期値 α_{old}，$\alpha = \alpha_{old}$ と許容誤差 ϵ_0, ϵ_1 を設定する．予測を行ない，予測誤差 $E = E_{old}$ を求める．
2. $E < \epsilon_0$ ならば終了．
3. $\alpha = \alpha_{old} + \xi$，$\xi \in [-\omega, \omega]$ は独立一様乱数．
4. 予測を行ない，予測誤差 E を求める．
5. $|E_{old} - E| < \epsilon_1$ ならば終了．
6. $E < E_{old}$ ならば ω を 2 倍にして E_{old} を E で，α_{old} を α に置き換える．$E \geq E_{old}$ ならば ω を半分にする．(3) に戻る．

計量 α について留意すべきことがある．$\alpha \to 0$ の極限において，式 (5.51) は線形モデルに一致する．ダイナミックスの非線形性は，埋め込み空間における超曲面の”曲がり具合”，即ち，超平面からの乖離の程度を尺度にして評価することができるだろう．この解釈によると，$\alpha \to 0$ はダイナミックスが線形に近いこと示唆する．α が増加するにつれて，超曲面の”曲がり”が顕著になると想像される．つまり，ダイナミックスの非線形性が増すだろう．この意味で，α は，ダイナミックスの非線形性を定量的に評価する指標になり得るかも知れない．

Sugihara–May 予測モデルは，動径基底関数ネットワークや多層パーセプトロンのように，多数のモデルパラメータを最適化することを要求しないので，手軽に利用できる．汎化誤差は，参照データベースが挙動の代表例をどれほど万遍なく含むかによって決まる．参照データベースが偏った実現事例しか含まないならば，著しい汎化不良が生じるであろう．参照データベースから類似例を探索するために，すべてのベクトル対について距離を計算し，順序付けるプロセスを，予測を行なう度に実行しなければならない．参照データベースの規模が大きい場合には，高速ソーティングアルゴリズムが必要となる．

Sugihara–May 予測モデルの運用事例を示す．α を最適化せず，単に $\alpha = 1$ に固定して，Sugihara と May の研究成果を再現してみよう．Hènon 時系列，Lorenz 時系列，および，正弦波にノイズレベル $r_n = 0.5$ の白色ノイズを重畳して合成した時系列をベンチマークデータとする．ノイズに汚染された正弦波は，規則的な挙動であるにもかかわらず，観測ノイズが重畳しているために，

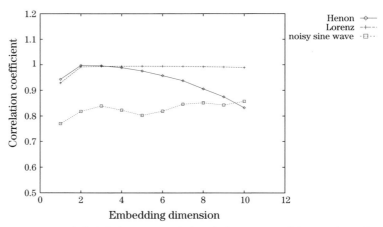

図 5.12　Hènon 時系列（◇），Lorenz 時系列（＋），および，白色ノイズに汚染された
正弦波（□）に関する予測誤差（相関係数，$\tau = 1$）の埋め込み次元依存性.

一見カオスのように複雑な変動を装う時系列を代表している．短い時系列デー
タを想定して，各時系列のデータ点数は $N = 500$ とする．各時系列を，前半，
後半のそれぞれ 250 点からなる時系列に二分する．前半の時系列から作成した
入力ベクトル・出力値対 $\{\boldsymbol{x}(t_n), x(t_n + \tau T)\}$ を参照データベースとする．た
だし，埋め込みの時差は $T = 1$ である．後半の時系列についても，入力ベクト
ル・出力値対 $\{\boldsymbol{x}(t_p), x(t_p + \tau T)\}$ を作成し，$\boldsymbol{x}(t_p)$ に対する予測値 $\hat{x}(t_p + \tau T)$
を求め，実際の値 $x(t_p + \tau T)$ と比較して予測誤差を求める．文献 [191] との比
較のために，予測誤差を 2 通りの尺度，即ち，予測値と実測値の相関係数，お
よび，予測値と実測値の平均 2 乗平方根誤差を実測値の標準偏差で規格化した
値で評価する．図 5.12 は，$\tau = 1$ における予測誤差（相関係数）の埋め込み次
元依存性である．Hènon 時系列と Lorenz 時系列は短期予測可能である．最良
予測に対応する埋め込み次元は，Hènon 時系列では $D = 2$，Lorenz 時系列で
は $D = 5$，白色ノイズに汚染された正弦波では $D = 10$ である．Hènon 時系
列と Lorenz 時系列の最適埋め込み次元は，第 3 章で述べた Wayland テストに
よって推定された値に一致する．予測モデルを記述するパラメータとしての埋
め込み次元は，この例で示したように，予測誤差の埋め込み次元依存性に基づ
いて決定することができる．

　こうして決定した埋め込み次元の下で，予測誤差の予測時間依存性を調べた．
図 5.13 に結果を示す．Hènon 時系列と Lorenz 時系列では，予測時間の増加
にともなって，予測精度が急速に低下する．カオスの特徴がはっきりと現れて
いる．これに対して，白色ノイズに汚染された正弦波では，予測精度の崩壊は
見られない．この事実に基づいて，Sugihara と May は，数百点程度の少数の
データしか利用できない場合であっても，カオス過程と測定ノイズとを明瞭に
識別できると主張した．

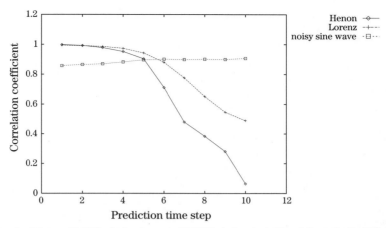

図 5.13　Hènon 時系列（◇），Lorenz 時系列（＋），および，白色ノイズに汚染された正弦波（□）に関する予測誤差（相関係数）の予測時間依存性．埋め込み次元は，それぞれ $D = 2, 5, 10$ である．

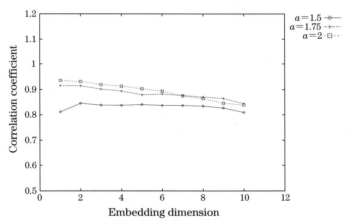

図 5.14　パワースペクトル指数 $\alpha = 1.5$（◇），1.75（＋），2（□）の有色ノイズに関する予測誤差（相関係数，$\tau = 1$）の埋め込み次元依存性．

　しかし，実情はそれほど簡明ではない．まったく同じ予測テストを，パワースペクトル指数が $\alpha = 1.5, 1.75, 2$ で表される有色ノイズ時系列に適用する．各時系列のデータ点数は $N = 500$ である．図 5.14 は，$\tau = 1$ における予測誤差の埋め込み次元依存性である．あたかもカオス時系列であるかのように，各時系列は短期予測可能性を示している．最良予測に対応する埋め込み次元は，いずれの時系列についても $D = 2$ 付近にある．図 5.15 は，$D = 2$ における予測誤差の予測時間依存性である．カオス過程と同様，各時系列の予測可能性は，予測時間の増加にともなって崩壊する．

　カオス過程と有色ノイズを識別するには，第 3.11 節で述べた方法，即ち，予測時間に対する予測誤差のスケーリング性に基づくアルゴリズムを利用すれば

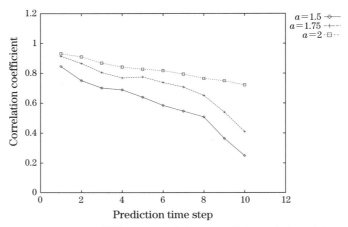

図 5.15 パワースペクトル指数 $\alpha = 1.5$（◇），1.75（+），2（□）の有色ノイズに関する予測誤差（相関係数）の予測時間依存性（$D = 2$）．

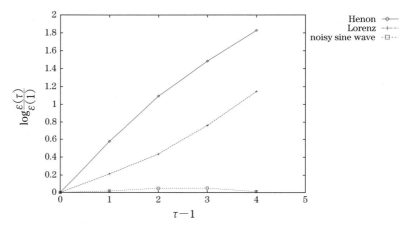

図 5.16 Hènon 時系列（◇），Lorenz 時系列（+），および，白色ノイズに汚染された正弦波（□）に関する $(\tau - 1) - \log[\epsilon(\tau)/\epsilon(1)]$ プロット．埋め込み次元は，それぞれ $D = 2, 5, 10$ である．

よい．先に示した予測事例において，標準偏差で規格化された平均 2 乗平方根誤差 $\epsilon(\tau)$ によって予測誤差を測り，予測時間 τ に対するスケーリング性を調べた．図 5.16 は，Hènon 時系列，Lorenz 時系列，および，白色ノイズに汚染された正弦波に関する $(\tau - 1) - \log[\epsilon(\tau)/\epsilon(1)]$ プロットである．白色ノイズに汚染された正弦波では，予測可能性の崩壊は認められず，片対数プロットの傾きから推定される最大 Lyapunov 指数は，ほぼ 0 に等しい．図 5.17 は，有色ノイズ時系列に関する $\log \tau - \log[\epsilon(\tau)/\epsilon(1)]$ プロットである．それぞれのプロットにおいて線形性がどの程度認められるか相関係数によって評価した．結果を表 5.1 にまとめる．僅か 500 個のデータからなる時系列であるが，予測誤

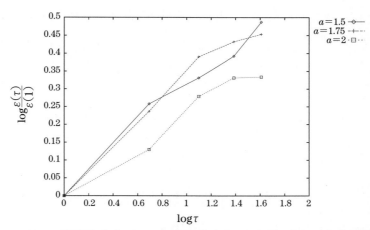

図 5.17　Hènon 時系列（◇），Lorenz 時系列（＋），および，白色ノイズに汚染された正弦波（□）に関する $\log \tau - \log[\epsilon(\tau)/\epsilon(1)]$ プロット（$D = 2$）．

表 5.1　予測誤差プロットの相関係数．

時系列データ	片対数プロット	両対数プロット
Hènon 時系列	0.994	0.992
Lorenz 時系列	0.991	0.936
$f^{-1.5}$ ノイズ	0.950	0.990
$f^{-1.75}$ ノイズ	0.921	0.984
f^{-2} ノイズ	0.942	0.983

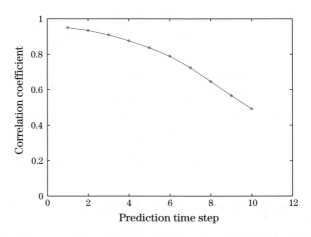

図 5.18　高炉時系列に関する予測誤差（相関係数）の予測時間依存性（$D = 3$）．

差のスケーリング性を調べることによって，ダイナミックスの性質を的確に捉えることができる．

　実データへの適用事例を示そう．高炉時系列の最初の 500 点からなる時系列

表 5.2 高炉時系列における予測誤差プロットの相関係数.

時系列データ	片対数プロット	両対数プロット
高炉時系列	0.999	0.969

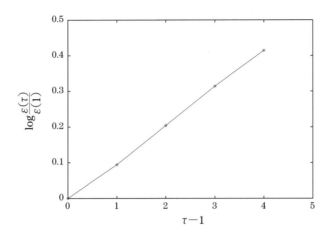

図 5.19 高炉時系列に関する $(\tau - 1) - \log[\epsilon(\tau)/\epsilon(1)]$ プロット（$D = 3$）.

を解析対象とする．この時系列を前半 250 点，後半 250 点に分割し，それぞれの時系列について，埋め込みの時差 $T = 1$ のもとで入力ベクトル・出力値対を作成した．前半時系列から作成されたデータ対を参照データベースとして利用し，$\alpha = 1$ に設定された予測モデルに，後半時系列に属する入力ベクトルを入力して，τ 時間ステップ後の値を予測する．$\tau = 1$ における予測誤差の埋め込み次元依存性から，最適な埋め込み次元は $D = 3$ と推定された．この埋め込み次元における予測誤差の τ 依存性を図 5.18 に示す．

予測可能性の急激な崩壊が見られる．ダイナミックスのカオス性を調べるために，$(\tau - 1) - \log[\epsilon(\tau)/\epsilon(1)]$ プロットと $\log \tau - \log[\epsilon(\tau)/\epsilon(1)]$ プロットを作成した．各プロットの線形相関を表 5.2 に示す．図 5.19 は $(\tau - 1) - \log[\epsilon(\tau)/\epsilon(1)]$ プロットである．高炉で観測された温度変動は，カオス過程を表す可能性が高い．

5.5 リザーバーコンピューティング

リザーバーコンピューティング（reservoir computing）と呼ばれる近似法が近年注目されている[107],[131]．この節では，リザーバーコンピューティングの一手法である エコーステートネットワーク（echo state network，以下では ESN と略記する）を扱う[107],[130]．ESN は新しい時系列予測手法であるが[158],[159]，動径基底関数ネットワークや多層パーセプトロンのような入出力写像モデルと

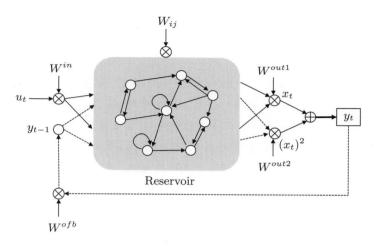

図 5.20　時系列予測モデルとしての ESN の概念図.

は異なる. むしろ, 第 5.4 節で述べた局所近似モデルのような参照データベースに基づく近似法に近いと言えようが, その機構は異なる. ESN では, 入力ノードから時系列のデータ値を 1 点ずつリザーバーに入力し, リザーバー内部に一定時間だけ持続する動的状態を励起する. こうして生成された動的パターンを参照データのように用いて予測が行われる.

　ESN は, 入力層, リザーバー, および, 出力層から構成されている. N 個のデータ点から成る時系列 $\{u(t)\}_{t=0}^{N-1}$ が与えられたとしよう. 時系列予測モデルとしての ESN の概念図を図 5.20 に示す.

　1 時間ステップ未来の値について時系列予測を行うための ESN は以下のように定義される.

$$\begin{pmatrix} x_1(t) \\ \vdots \\ x_n(t) \end{pmatrix} = \tanh[U(t)], \tag{5.53}$$

$$U(t) = \begin{pmatrix} w_1^{in} \\ \vdots \\ w_n^{in} \end{pmatrix} u(t) + \begin{pmatrix} w_{11} & \cdots & w_{1n} \\ \vdots & \ddots & \vdots \\ w_{n1} & \cdots & w_{nn} \end{pmatrix} \begin{pmatrix} x_1(t-1) \\ \vdots \\ x_n(t-1) \end{pmatrix}$$

$$+ \begin{pmatrix} w_1^{ofb} \\ \vdots \\ w_n^{ofb} \end{pmatrix} y(t-1) + \begin{pmatrix} b_1 \\ \vdots \\ b_n \end{pmatrix}, \tag{5.54}$$

$$y(t) = \sum_{i=1}^{n} \left[w_i^{out1} x_i(t) + w_i^{out2} x_i^2(t) \right]. \tag{5.55}$$

リザーバーは疎らに結合された（sparsely coupled）n 個のノードから成る（結合様式は後述する）．リザーバーネットワークの何処かに閉ループが形成されている．リザーバーノードの入出力特性は双曲線正接関数（hyperbolic tangent, $\tanh(x)$）またはシグモイド関数（sigmoid, $1/(1+e^{-x})$）で与えられることが多い．本書では $\tanh(x)$ を用いる．$x_i(t)$ は時刻 t における第 i 番目リザーバーノードの出力値を表す．第 i 番目リザーバーノードには，入力データとしての時系列 $u(t)$ に重み係数（実数）w_i^{in} を掛けた値 $w_i^{in}u(t)$ が入力される．

$y(t)$ は時刻 t における ESN の出力値である．ESN が時系列予測に応用される場合には，$y(t)$ は ESN への入力値 $u(t)$ に対して 1 時間ステップ未来における予測値 $\hat{u}(t+1)$ を表す．即ち，$\hat{u}(t+1) = y(t)$ である．式（5.55）に示したように，$y(t)$ は時刻 t におけるリザーバーノードの出力値 $x_i(t)$，および，その 2 乗 $x_i^2(t)$ の重み付き線形和で与えられる．$x_i^2(t)$ を使わない選択肢もあるが，著者らの経験によると $x_i^2(t)$ を利用する方が予測精度は良いようである．w_i^{out1} と w_i^{out2} は重み係数である．ESN では，w_i^{out1} と w_i^{out2} だけが適当な学習アルゴリズムによって最適化される．学習アルゴリズムの例は後述する．

w_{ij} は i 番目リザーバーノードの出力を j 番目のリザーバーノードに入力する際の重み係数である．w_{ij} はすべてがゼロ以外の値を取る必要はなく，むしろ，すべての w_{ij} のうち，一定の割合にあたる係数だけが $w_{ij} \neq 0$ となるように設定される．これが疎らな結合（sparse coupling）と呼ばれる理由である．リザーバーノードの自己結合，即ち，w_{ii} も含めて，リザーバーノードの結合係数の総数は n^2 である．これらのうち，非ゼロ値を持つ重み係数の割合を $perW = k$（$0 \leq k \leq 1$）によって表す．即ち，$n^2 \times k$ 個の w_{ij} が非ゼロ値を持つ．

重み係数 w_i^{ofb} は ESN の出力ノードの出力値 $y(t)$ を i 番目リザーバーノードに直接戻して入力する際に掛かる重み係数である．

b_i（$i = 1, \ldots, n$）はバイアス項（bias terms）と呼ばれる実定数である．バイアス項は，例えば，適当な値域内で一様分布する疑似乱数（実数）によって与えられる．バイアス項には，別の一様乱数によって与えられる実数値乱数時系列 $\{\xi_i(t)\}_{t=0}^{N-1}$ を加えることも可能である．この場合には，バイアス項は $b_i + \xi_i(t)$ として定義され，ESN はノイズ型 ESN（noisy ESN）と呼ばれる（$\xi_i(t)$ がノイズである）．

ESN に含まれる重み係数は，上に述べた w_{ij} のみならず，その他の重み係数およびバイアス項についても一定割合の数の係数だけが非ゼロ値に設定される．w_{ij} の場合と同様に，非ゼロ値を取る係数 w_i^{in}, w_i^{ofb}, w_i^{out1}, w_i^{out2}, および，b_i の相対比率を，それぞれ，$perW^{in}$, $perW^{ofb}$, $perW^{out1}$, $perW^{out2}$, および，$perB$ と表す．

ESN では，リザーバーネットワーク上で一定時間だけ持続する動的パターンが励起されるので，リザーバーは参照パターンの保存容器としての役割を果た

す．一定時間が過ぎた後には，この動的パターンは別の動的パターンに取って替わられる．このような状況を"動的パターンは比較的長期間持続する短期記憶，即ち，**長短期記憶**（long short-term memory，以下では LSTM と略記する）を持つ"と表現される．時系列予測は，LSTM を持つ動的パターンの和を計算することによって実行されるのである．LSTM を実現するために**スペクトル半径**が利用される．スペクトル半径 $\rho(W)$ は以下のように定義される．

$$W = (w_{ij}), \tag{5.56}$$

$$\rho(W) = max_i(|\,\alpha_i\,|). \tag{5.57}$$

ここで，$\alpha_i\ (i = 1,\ \dots\ ,\ n)$ は係数行列 $W = (w_{ij})$ の第 i 番目固有値である．係数 w_{ij} は，適当に設定された $perW$ の下で，スペクトル半径が

$$0 < \rho(W) < 1 \tag{5.58}$$

を満たすように，疑似乱数を使って（試行錯誤法により）ランダムに設定される．ただし，式 (5.58) は，動的パターンが LSTM を持つための必要条件ではなく，参考基準と見なすべきである．$\rho(W) > 1$ であっても，時系列予測が良好に実行される場合もあるので．適当に設定された $perW^{in}$，$perW^{ofb}$，$perB$ の下で，疑似乱数を用いて w_i^{in}，w_i^{ofb}，および，b_i を決定する．こうして，w_{ij}，w_i^{in}，w_i^{ofb}，および，b_i 設定した後は，予測対象とする時系列のダイナミックスに関係なく，これらの係数を固定する．つまり，w_i^{out1} と w_i^{out2} だけが学習パラメータとなるのである．驚くべきことに，異なるダイナミックスによって生成される時系列を同じ係数群で定義されるリザーバーに入力しても良好な時系列予測が可能である．リザーバーネットワークは時系列のダイナミックスの万能シミュレータ（universal simulator）のように見える．

w_i^{out1} と w_i^{out2} は，以下に定義される誤差関数が最小になるように決定される．

$$
\begin{aligned}
E &= \sum_{t=0}^{M-1} \left[u(t+1) - \hat{u}(t+1)\right]^2 \\
&\quad + \kappa \sum_{i=1}^{n} \left[(w_i^{out1})^2 + (w_i^{out2})^2\right] \\
&= \sum_{t=0}^{M-1} \left[u(t+1) - \sum_{i=1}^{n} \left(w_i^{out1} x_i(t) + w_i^{out2} x_i^2(t)\right)\right]^2 \\
&\quad + \kappa \sum_{i=1}^{n} \left[(w_i^{out1})^2 + (w_i^{out2})^2\right].
\end{aligned}
\tag{5.59}
$$

ここで，$\{u(t)\}_{t=0}^{M}$ は学習データである．$\kappa > 0$ は正則化パラメータであり，

その値は適宜に設定される. $0 < \kappa \leq 1$ の範囲で試行錯誤的に値を設定すると
よい. 式 (5.59) の右辺第 2 項は正則化項であり, w_i^{out1} と w_i^{out2} の値域を制
限することによって ESN の予測モデルとしての複雑さを制御する効果を持つ.
κ を小さな値に設定すると, w_i^{out1} と w_i^{out2} の絶対値が大きな値を取っても E
への寄与が小さくなるので, ESN からの出力 $y(t)$ の変動範囲は広くなる. 式
(5.59) は学習データに対する誤差を蓄積する batch 学習に利用できる. 勾配
降下法によって w_i^{out1} と w_i^{out2} を決定するならば, 式 (5.29) と同様な学習則
を用いることができる. この学習則を漸化式で表現すると,

$$w_i^{out1}(k+1) = w_i^{out1}(k) - \eta_1 \frac{\partial E}{\partial w_1^{out1}}(k), \tag{5.60}$$

$$w_i^{out2}(k+1) = w_i^{out2}(k) - \eta_2 \frac{\partial E}{\partial w_i^{out2}}(k), \tag{5.61}$$

$$i = 1, \ldots, n \tag{5.62}$$

となる. ここで, $0 < \eta_1 < 1$ と $0 < \eta_2 < 1$ は学習率を表す.

しかしながら, w_i^{out1} と w_i^{out2} の最適化には, 目標値への収束の速い**再帰
的最小 2 乗法** (recursive least squares method, 以下では RLS 法と略記す
る) [123] を用いることもできる. RLS 法は $u(t)$ を 1 点入力する度に w_i^{out1} と
w_i^{out2} と最適化を行う online 学習型の学習アルゴリズムである. RLS 法を用
いる場合には, 誤差関数 E を以下のように書き換える.

$$E = \sum_{t=1}^{m} | u(t+1) - \mathbf{X}(t)^T \mathbf{W}^{out}(m) |^2$$
$$+ \kappa \| \mathbf{W}^{out}(m) \|^2, \tag{5.63}$$

$$m = 1, \ldots, M-1. \tag{5.64}$$

ここで, $\| \cdot \|$ は l^2 ノルムを表し, $\mathbf{X}(t)$ と $\mathbf{W}^{out}(m)$ は以下のように定義さ
れる.

$$\mathbf{X}(t) = \left(x_1(t), \ldots, x_n(t), x_1^2(t), \ldots, x_n^2(t) \right)^T, \tag{5.65}$$

$$\mathbf{W}^{out}(m) = \left(w_1^{out1}(m), \ldots, w_n^{out1}(m), w_1^{out2}(m), \ldots, w_n^{out2}(m) \right)^T. \tag{5.66}$$

ただし, T は転置 (transpose) を表す. RLS 法によって E を最小にする online
学習アルゴリズムを以下に示す.

初期化 $\mathbf{W}^{out}(0) = \mathbf{0}$, $\mathbf{P}(0) = \kappa^{-1} \mathbf{I}$.
($\mathbf{I} = \mathrm{diag}(1, \ldots, 1)$ は $n \times n$ 単位行列である.)

最適化 1 $m = 1, \ldots, M-1$ について, 以下の過程を繰り返す.

$$r(m) = 1 + \mathbf{X}(m)^T \mathbf{P}(m-1) \mathbf{X}(m), \tag{5.67}$$

$$\mathbf{k}(m) = \frac{\mathbf{P}(m-1)\mathbf{X}(m)}{r(m)}, \tag{5.68}$$

$$e(m) = u(m+1) - \mathbf{X}(m)^T \mathbf{W}^{out}(m), \tag{5.69}$$

$$\mathbf{W}^{out}(m) = \mathbf{W}^{out}(m-1) + \mathbf{k}(m)e(m), \tag{5.70}$$

$$\mathbf{P}(m) = \mathbf{P}(m-1) - \frac{\mathbf{P}(m-1)\mathbf{X}(m)\mathbf{X}(m)^T\mathbf{P}(m-1)}{r(m)}. \tag{5.71}$$

最適化 2 $\mathbf{W}^{out}(0)$ を **0** に再設定せず，前回の更新値を引き継いで "最適化 1" を S 回繰り返す．

　著者らの経験では，$S = 2 \sim 3$ 程度で良い学習結果が得られるようである．また，最適化 1 および最適化 2 の過程においては，初期の 10^2 個程度の入力について ESN のリザーバーが有効な参照パターンを生成できないので，初期の 100 個の入力値に対しては $\mathbf{W}^{out}$ の最適化を実行することなく，学習アルゴリズムを"空回し"すると良いであろう．

　ESN による時系列予測の事例として，カオス時系列およびハイパーカオス時系列（hyperchaotic time series）への適用例を示す．ハイパーカオスとは正値を取る Lyapunov 指数が 2 個以上あるようなカオスである．ここでは，ハイパーカオス時系列として**拡張 Lorenz 方程式**（augmented Lorenz equations）[61]~[63] から生成される時系列を用いる．拡張 Lorenz 方程式は，流体を下部から加熱し，同時に，上部で冷却した際に現れる乱流熱対流の動的挙動をモデル化する動力学モデルである [61]．拡張 Lorenz 方程式は以下に定義する連立非線形常微分方程式である．

$$\frac{dx}{dt} = \sigma \left(\sum_{k=1}^{K} \frac{y_k}{m_k^2} - x \right), \tag{5.72}$$

$$\frac{y_k}{dt} = r_k - m_k x z_k - y_k, \tag{5.73}$$

$$\frac{dz_k}{dt} = m_k x y_k - z_k, \tag{5.74}$$

$$r_k = R_0 m_k^2 \Phi_k s_k, \tag{5.75}$$

$$\Phi_1 = \phi - \frac{1}{2}\sin(2\phi), \tag{5.76}$$

$$\Phi_{k \geq 2} = \frac{\sin(m_k - 1)\phi}{m_k - 1} - \frac{\sin(m_k + 1)\phi}{m_k + 1}, \tag{5.77}$$

$$s_k = \sin(m_k \phi), \tag{5.78}$$

$$k = 1, \ \dots, \ Q.$$

本書では，$Q = 100$，$\sigma = 25$，$R_0 = 3185$ および $\phi = 0.36$ [rad] とする．これらの条件下で拡張 Lorenz 方程式は 5 個の Lyapunov 指数が正値を取るハイ

表 5.3 ESN の係数設定.

Parameters	Values
入力ノード数	1
リザーバーノード数 n	200
出力ノード数	1
w_i^{in}, w_i^{ofb}	区間 $[-1, 1]$ で分布する一様乱数
w_{ij}	区間 $[-0.1, 0.1]$ で分布する一様乱数
w_i^{out1} の初期値	0
w_i^{out2} の初期値	0
$perW^{in}$, $perW^{ofb}$	0.2
$perW$	0.2
$perW^{out1}$	0.5
$perW^{out2}$	0.5
b_i	区間 $[-1, 1]$ で分布する一様乱数
$perB$	0.5
$\rho(W)$	0.9992
κ	0.1

パーカオス時系列を生成する．即ち，$\lambda_1 = 1.733$，$\lambda_2 = 0.848$，$\lambda_3 = 0.391$，$\lambda_4 = 0.086$，$\lambda_5 = 0.001$ であり，Lyapunov 次元は 12.40 となる．単一の Lyapunov 指数だけが正値を取るカオス系と比べると，ハイパーカオス系である拡張 Lorenz 方程式は，乱雑性が高いカオス時系列を生成する．そのため，拡張 Lorenz 方程式はストリーム暗号システムの疑似乱数発生器として利用されている [62], [63]．

Runge–Kutta 法を用いて拡張 Lorenz 方程式の数値積分を行い，数値解を求めた．変数 x，y_k，z_k の初期値は，区間 $[0, 1]$ で一様分布する疑似乱数を用いて設定されている．サンプリング時間間隔 0.01 の下で数値解を抽出し，10^5 点からなる時系列を作成した．拡張 Lorenz 方程式の変数 x に関する時系列について，最初の 90000 点を用いて係数 w_i^{out1} および w_i^{out2} の最適化を行い，残りの時系列 10000 点に対して 1 ステップ未来（即ち，時間幅 0.01 だけ未来）の時系列予測を行った．ESN（入力ノード数 1，出力ノード数 1）を特定するパラメータの設定値を表 5.3 に示す．

予測結果を図 5.21 および図 5.22 に示す．図 5.21 は予測値を時間ステップの関数としてプロットした結果である．図 5.22 は実測値から予測値を差し引いた誤差（残差）$u(t+1) - \hat{u}(t+1)$ を，予測開始後から最初の 30 ステップまでをプロットした結果である（1 ステップは，サンプリング時間 $\Delta t = 0.01$ に対応する）．

上に述べた結果を，他のカオス力学系が生成する時系列に関する予測結果と比較してみよう．ここでは，第 3.4 節で紹介した Lorenz 方程式（$(\sigma, R, b) =$

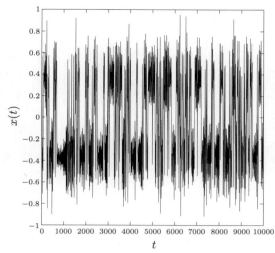

図 5.21 拡張 Lorenz 時系列 $\{x(t)\}$ に関する予測値を時間ステップ t に対してプロットした結果（1 ステップはサンプリング時間 $\Delta t = 0.01$ に対応する）.

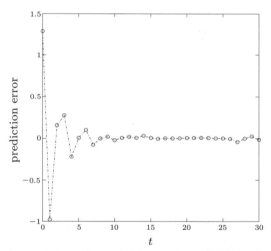

図 5.22 拡張 Lorenz 時系列 $\{x(t)\}$ に関する予測誤差（残差）. 予測開始後, 最初の 30 ステップに対するプロット（1 ステップはサンプリング時間 $\Delta t = 0.01$ に対応する）.

$(10,\ 28,\ 8/3)$）, および, この節で導入する Rössler（レスラー）方程式の数値解からなる時系列を比較対象とする. **Rössler 方程式**は

$$\frac{dx}{dt} = -y - z, \tag{5.79}$$

$$\frac{dy}{dt} = x + ay, \tag{5.80}$$

$$\frac{dz}{dt} = b + xz - cz \tag{5.81}$$

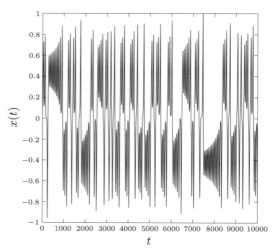

図 5.23　Lorenz 時系列 $\{x(t)\}$ に関する予測値を時間ステップ t に対してプロットした結果（1 時間ステップはサンプリング時間 $\Delta t = 0.01$ に対応する）.

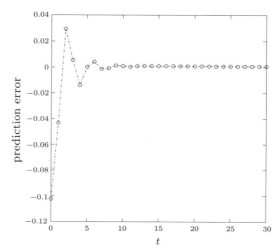

図 5.24　Lorenz 時系列 $\{x(t)\}$ に関する予測誤差（残差）. 予測開始後, 最初の 30 ステップに対するプロット（1 時間ステップはサンプリング時間 $\Delta t = 0.01$ に対応する）.

のように定義される. 係数 $a,\ b,\ c$ は Rössler 方程式の動力学的性質を決める分岐パラメータである. 本書では, $a = 0.2,\ b = 0.2,\ c = 5.7$ とする. これらの設定値では, Rössler 方程式はカオス的挙動を生み出す.

　Runge–Kutta 法を用いて Lorenz 方程式, および, Rössler 方程式の数値解を求めた. 初期値の設定方法は拡張 Lorenz 方程式の場合と同様である. サンプリング時間 $\Delta t = 0.01$ の下で離散的に数値解を抽出して 10^5 点からなる時系列を作成し, 変数 x に関する時系列について, 最初の 90000 点を用いて係数 w_i^{out1} および w_i^{out2} の最適化を行い, 残りの時系列 10000 点に対して 1

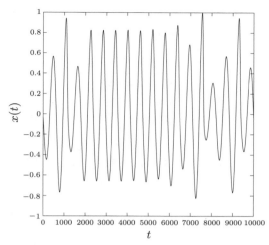

図 5.25 Rössler 時系列 $\{x(t)\}$ に関する予測値を時間ステップ t に対してプロットした結果（1 ステップはサンプリング時間 $\Delta t = 0.01$ に対応する）.

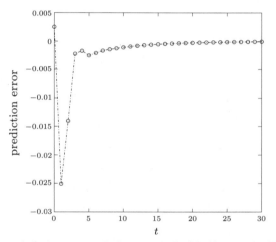

図 5.26 Rössler 時系列 $\{x(t)\}$ に関する予測誤差（残差）. 予測開始後，最初の 30 ステップに対するプロット（1 ステップはサンプリング時間 $\Delta t = 0.01$ に対応する）.

ステップ未来（即ち，時間幅 0.01 だけ未来）の時系列予測を行った．ただし，係数 w_i^{out1} および w_i^{out2} を除いて，その他の係数は表 5.3 と同じ設定値を取る ESN，即ち，同一構造のリザーバーを持つ ESN を用いる．図 5.21 および図 5.22 と同様な結果を，それぞれ，図 5.23 と図 5.24，および，図 5.25 と図 5.26 に示す．

　同一のリザーバーを持つ ESN を用いているにもかかわらず，いずれの時系列についても良好な予測結果が得られている．参考のために，各モデルの最大 Lyapunov 指数と Lyapunov 次元の計算結果，および，予測誤差の一覧表を，

表 5.4　拡張 Lorenz 方程式，Lorenz 方程式，および，Rössler 方程式の最大 Lyapunov 指数と Lyapunov 次元.

力学系	最大 Lyapunov 指数 λ_1	Lyapunov 次元
拡張 Lorenz	1.733	12.40
Lorenz	0.906	2.062
Rössler	0.071	2.013

表 5.5　拡張 Lorenz 方程式，Lorenz 方程式，および，Rössler 方程式の変数 x に関する時系列に対する予測誤差 $\bar{e}_x/\bar{\sigma}_x$.

力学系	予測誤差 $\bar{e}_x/\bar{\sigma}_x$
拡張 Lorenz	0.062
Lorenz	0.003
Rössler	0.001

それぞれ，表 5.4 および表 5.5 に示す．ただし，予測誤差は，予測値と実測値との間の平均 2 乗誤差の平方根 $\bar{e}_x$ を実測値の標準偏差 $\bar{\sigma}_x$ で規格化した値 $\bar{e}_x/\bar{\sigma}_x$ によって定義されている．

　Lyapunov 次元は（ハイパー）カオスアトラクタの規模を表し，Lyapunov 次元の増加につれて，動的挙動はより複雑になる．予測誤差の違いは Lyapunov 次元の大きさに対応している．図 5.22，図 5.24，および，図 5.26 を比較すると，ESN に時系列を入力してから良好な予測値が出力ノードから出力されるまで，それぞれ，10，5，および，4 ステップ程度時間が経過している．これらは Lyapunov 次元の大きさに対応していると言える．ESN には時系列データを 1 点ずつ入力するので，予測モデルとしての ESN は，一見すると，埋め込み定理に従っていないように見える．しかしながら，ここに示したように，有効な予測値をもたらす参照パターンがリザーバーネットワーク内に励起されるまでに一定の時間ステップが経過しなければならない，即ち，一定数の時系列データを入力し続けることが必要であるという事実は，ESN も埋め込み定理に従うことを意味している．

第 6 章
複雑ネットワークと時系列

　就航路や鉄道網の交通ネットワーク，人間関係のネットワークやインターネットなど，現実世界には様々な複雑なネットワークが存在している．20 世紀の最後の四半世紀に発見されたスケールフリーやスモールワールドネットワークを端緒として，複雑ネットワークの研究分野は本格的に始まった．複雑ネットワークは応用数学や物理学のみならず，工学，生命科学，社会学などの幅広い研究分野に大きな影響を与えている．これまでに複雑ネットワークに関する多くの著書が出版されている [12], [22], [27], [31], [252], [253]．本書では，近年注目されているデータサイエンスに関連して，時系列へのネットワーク科学の応用を取り扱う．まず，ネットワーク科学の基本的な事項を解説する．そして，時系列をネットワークに変換し，その構造の特性を解説する．時系列をネットワークへ変換する方法には，さまざまなものが提案されている．本書では，可視グラフ，リカレンスネットワーク，推移ネットワークを取り上げる．

6.1　ネットワーク

　複雑ネットワーク（complex network）とは，構成される多くの要素間に複雑な繋がり方を持つネットワークの総称である．ネットワークの構成要素は，**ノード**（node）とノード間を結ぶ**リンク**（link）である．グラフ理論を扱う離散数学では，ネットワークのノードを**頂点**（vertex），リンクを**辺**（edge）と呼ぶ．本書では，グラフ理論に由来する可視グラフ（第 6.3 節）を除いて，頂点をノード，辺をリンクと記述する．

　ノードとノードは必ずしも繋がっているとは限らない．そのような場合には，ノード間にリンクは存在しない．また，ノードがそれ自身と繋がっている場合がある．同一のノードを繋ぐリンクを**自己ループ**（self loop）という．ノード間の繋がりを取り扱うときに，リンクの向きを考える必要がある．ノード間のリンクに向きが無いネットワークを**無向**（undirected）ネットワーク，向きを

持つネットワークを**有向**（directed）ネットワークという．リンクに重みがある場合と無い場合があり，前者を**重み付き**（weighted）ネットワーク，後者を**重み無し**（unweighted）ネットワークという．重み無しネットワークでは，ノード間の繋がりが2値のみで表現される．ネットワーク内の任意のノードを二つ選び，あるノードからもう一つのノードへ，リンクを辿って一度だけ通って移動できる道筋を**経路**（path）と呼ぶ．ノード間に経路が存在する場合，ネットワークは**連結**（connected）であるという．他方，ネットワーク間で経路が存在しないネットワークは**非連結**（disconnected）であるという．

ネットワーク$\mathbf{G}$はノード$\mathbf{V}$とリンク$\mathbf{E}$を用いて，

$$\mathbf{G} = \{\mathbf{V}, \mathbf{E}\}$$

と表現される．$\mathbf{V}$をN個のノードの集合$\{v_1, v_2, \cdots, v_N\}$，$\mathbf{E}$を$M$個のリンクの集合$\{e_1, e_2, \cdots, e_M\}$，$e_i = (v_s, v_t)$とし，$s, t$は$1, 2, \cdots, N$のうちいずれかとする．$\mathbf{G}$は$N \times N$の行列$\mathbf{A}$を用いて表すことができる．二つのノード$v_i$と$v_j$が1本のリンクで繋がれている状態を両リンクが**隣接**しているという．$\mathbf{A}$の成分a_{ij}はv_iとv_jが隣接するとき，$a_{ij} = 1$となる．v_iとv_jが隣接しないとき，$a_{ij} = 0$となる．自己ループを持たないとき，$a_{ii} = 0$となる．自己ループを持つとき，$a_{ii} \neq 0$となる．無向ネットワークでは，$a_{ij} = a_{ji}(i \neq j)$となり，$\mathbf{A}$は対称行列となる．有向ネットワークでは，$a_{ij} \neq a_{ji}(i \neq j)$となり，$\mathbf{A}$は非対称行列となる．$\mathbf{A}$を$\mathbf{G}$の**隣接行列**（adjacency matrix）という．第6.1–6.4節では自己ループを持たない重み無し無向ネットワークを，第6.5節では自己ループを持った重み付き有向ネットワークを取り扱う．

一例として，自己ループを持たない重み無し無向ネットワークの模式図と$\mathbf{A}$を図6.1に示す．$\mathbf{V} = \{v_1, v_2, v_3, v_4, v_5\}$，$\mathbf{E} = \{e_1, e_2, e_3, e_4, e_5, e_6\}$，$e_1 = (v_1, v_2)$，$e_2 = (v_1, v_5)$，$e_3 = (v_2, v_5)$，$e_4 = (v_3, v_4)$，$e_5 = (v_3, v_5)$，$e_6 = (v_4, v_5)$となる．ネットワークの特徴付けには，ノードの**次数**（degree），**クラスター係数**（cluster coefficient），**ノード間距離**（node distance）がある．第6.2節でこれらの特徴量を説明する．

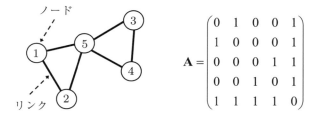

$$\mathbf{A} = \begin{pmatrix} 0 & 1 & 0 & 0 & 1 \\ 1 & 0 & 0 & 0 & 1 \\ 0 & 0 & 0 & 1 & 1 \\ 0 & 0 & 1 & 0 & 1 \\ 1 & 1 & 1 & 1 & 0 \end{pmatrix}$$

図6.1 自己ループを持たない重み無し無向ネットワークと隣接行列．

6.2 ネットワークの特徴量と性質

　次数はある v_i に出入りするリンクの総数である．自己ループを持たない重み無し無向ネットワークの v_i の次数 k_i は，$\mathbf{A}$ の成分を用いると

$$k_i = \sum_{j=1}^{N} a_{ij} \tag{6.1}$$

として表せる．このとき，全ノードの次数の平均値は

$$\bar{k} = \frac{1}{N} \sum_{i=1}^{N} k_i \tag{6.2}$$

となる．$\bar{k}$ を**平均次数**（mean degree）という．ネットワーク内のリンクは二つのノードで繋がれており，その総数 M は，

$$M = \frac{1}{2} \sum_{i=1}^{N} k_i = \frac{1}{2} \sum_{i=1}^{N} \sum_{j=1}^{N} a_{ij} \tag{6.3}$$

となる，つまり，平均次数とリンクの総数には，以下の関係が成り立つ．

$$\bar{k} = \frac{2M}{N}. \tag{6.4}$$

　リンク密度（link density）ρ は，ネットワーク内でリンクがどの程度存在しているのかを定量化した特徴量であり，

$$\rho = \frac{\bar{k}}{N-1} \tag{6.5}$$

$$= \frac{2M}{N(N-1)} \tag{6.6}$$

と定義される．

　自己ループを持たない重み付き無向ネットワークでは，次数は

$$s_i = \sum_{j=1}^{N} w_{ij} \tag{6.7}$$

として定義される．s_i を**強度**（strength）といい，w_{ij} は重み付き隣接行列の成分を表し，非負の実数とする．

　あるノードに隣接する二つのノード間にリンクが張られると，三つのノードが互いに結合した三角形が形成される．この三角形はネットワークのクラスターとなる．**クラスター係数**（cluster coefficient）は，三角形がネットワーク内でどの程度存在しているかを測る指標である．v_i の局所的なクラスター係数 C_i は

$$C_i = \frac{2m_i}{k_i(k_i - 1)} \tag{6.8}$$

と定義される．ただし，m_i を k_i 個の隣接ノード間のリンク数とする．m_i は v_i を含む三角形の個数に対応する．C_i は

$$C_i = \frac{m_i}{{}_{k_i}\mathrm{C}_2} \tag{6.9}$$

と変形できる．つまり，二つの隣接するノードが互いに繋がる確率として解釈できる．ネットワーク全体のクラスタリングの度合いは，C_i を用いて，

$$\bar{C} = \frac{1}{N} \sum_{i=1}^{N} C_i \tag{6.10}$$

となる．図 6.1 の自己ループを持たない無向ネットワークでは，$k_1 = 2$，$k_2 = 2$，$k_3 = 2$，$k_4 = 2$，$k_5 = 4$ となるため，$\bar{k} = 2.4$，$M = 6$，$\rho = 0.6$，$\bar{C} = 13/15$ となる．

　現実世界の多くのネットワークでは，それぞれのノードは異なる次数を持っている．ネットワークから無作為に選んだノードがどの程度の次数を持っているのかを知ることは重要である．k を確率変数とする分布は，**次数分布**（degree distribution）と呼ばれ，

$$p_k = \frac{N_k}{N}, \tag{6.11}$$

$$\sum_{k=1}^{K} p_k = 1 \tag{6.12}$$

と定義される．ただし，N_k は次数 k を持つノードの個数，N はネットワークのノードの総数，K は最大次数とする．また，平均次数は p_k を用いて，

$$\bar{k} = \sum_{k=1}^{K} k p_k, \tag{6.13}$$

と書ける．

　ネットワークの次数分布が

$$p_k \propto k^{-\gamma}, \tag{6.14}$$

指数 γ のべき乗則に従うとき，そのネットワークは**スケールフリーネットワーク**（scale free network）と呼ばれ，**スケール不変性**（scale invariance）の性質を持つ．

　ここで，線形軸と両対数軸で表示したべき分布[253] を図 6.2 に示す．ただし，$\gamma = 2.1$ とする．なお，べき分布と比較するために，ポアソン分布も示しておく．ポアソン分布は次式で与え，両分布とも $\bar{k} = 10$ とする[253]．

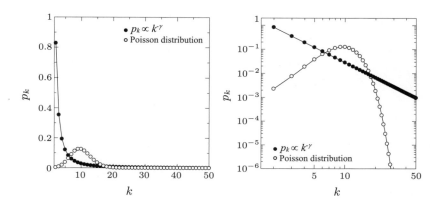

図 6.2　べき分布とポアソン分布の比較.

$$p_k = \frac{e^{-\bar{k}}\bar{k}^k}{k!}. \tag{6.15}$$

　べき分布に従うスケールフリーネットワークでは，低い次数 ($k = 2 - 4$) の
ノード数が多く，べき分布の裾においても高い次数 ($k = 30 - 50$) のノード
が存在する．次数分布がポアソン分布に従う**ランダムネットワーク**（random
network）では，スケールフリーネットワークと比較して，低い次数のノード
数は少ない．スケールフリーネットワークでは，ネットワークの**ハブ**（hub）と
なる次数の高いノードはランダムネットワークよりも桁違いに大きい．ランダ
ムネットワークでは，$\bar{k}$ となるノードが多く，平均次数が特徴的なスケールと
なる．一方，スケールフリーネットワークでは特徴的なスケールがなく，次数
分布の不均一性が高い．近年，乱流場の渦をノード，渦同士の誘起速度をリン
クとした**乱流ネットワーク**（turbulence network）が Taira らによって提案さ
れている[254]．乱流ネットワークを用いて，反応性熱流体の渦構造のスケール
フリーネットワークの一端が明らかにされつつある[255]~[258]．

　次に，ノード間の経路長と経路数を考えてみよう．隣接行列 $\mathbf{A}$ を

$$\mathbf{A} = \begin{pmatrix} a_{11} & a_{12} & \ldots & a_{1n} \\ a_{21} & a_{22} & \ldots & a_{2n} \\ \vdots & \vdots & \ddots & \vdots \\ a_{n1} & a_{n2} & \ldots & a_{nn} \end{pmatrix}$$

と置くと，$\mathbf{A}^2$ は

$$\mathbf{A}^2 = \begin{pmatrix} \sum_{k=1}^{n} a_{1k}a_{k1} & \sum_{k=1}^{n} a_{1k}a_{k2} & \ldots & \sum_{k=1}^{n} a_{1k}a_{kn} \\ \sum_{k=1}^{n} a_{2k}a_{k1} & \sum_{k=1}^{n} a_{2k}a_{k2} & \ldots & \sum_{k=1}^{n} a_{2k}a_{kn} \\ \vdots & & \vdots & & \ddots & & \vdots \\ \sum_{k=1}^{n} a_{nk}a_{k1} & \sum_{k=1}^{n} a_{nk}a_{k2} & \ldots & \sum_{k=1}^{n} a_{nk}a_{kn} \end{pmatrix}$$

となる．v_i から v_j への経路の途中に v_k が存在するとき，隣接行列の定義より，a_{ik} は v_i と v_k の経路数を，a_{kj} は v_k と v_j の経路数を示す．よって，$a_{ik}a_{kj}$ は v_i から v_k を経て，v_j に至るまでの経路長 2 の経路数に対応する．$v_k(k = 1, ..., n)$ の選ばれ方を考えると，v_i から v_j への経路長 2 の経路数 $N_{ij}^{(2)}$ は，$\mathbf{A}^2$ の ij 成分に等しく，

$$N_{ij}^{(2)} = \sum_{k=1}^{n} a_{ik}a_{kj}$$
$$= [\mathbf{A}^2]_{ij} \tag{6.16}$$

となる．v_i から v_j への経路の途中に v_k と v_l が存在するとき，v_i から v_j への経路長 3 の経路数 $N_{ij}^{(3)}$ は $\mathbf{A^3}$ の ij 成分に等しく，

$$N_{ij}^{(3)} = \sum_{k=1}^{n}\sum_{l=1}^{n} a_{ik}a_{kl}a_{lj}$$
$$= [\mathbf{A}^3]_{ij} \tag{6.17}$$

となる．よって，v_i と v_j の間に経路長 r のリンクが存在するとき，経路数は

$$N_{ij}^{(r)} = [\mathbf{A}^r]_{ij} \tag{6.18}$$

となる．連結したネットワークにおいて，二つのノード間の最短経路は最も少ない経路数を持つ経路であり，$[\mathbf{A}^r]_{ij}$ が最小となるとき，v_i と v_j の**最短経路長**（shortest path length）となる．**ネットワーク直径**（diameter）は二つのノード間の最短経路長の最大値として定義され，ネットワークの大きさを評価することができる．

ネットワーク内の**平均経路長**（mean path length）は，すべてのノード間の最短経路長 d_{ij} の総和をすべてのノード対の個数で割ったものであり，

$$\bar{d} = \frac{\sum_{i=1}^{N}\sum_{j=1}^{N} d_{ij}}{{}_N\mathrm{C}_2} \tag{6.19}$$

となる．平均経路長が短く，クラスター係数が十分高いネットワークは，**スモールワールドネットワーク**（small-world network）と呼ばれる．手紙のリレーで世間の狭さを調べた Milgram らの社会実験によって，「6 次の隔たり」が発見された [253]．6 次の隔たりとは，それぞれ世界の任意の場所から選ばれた二人の人間は，6 人以下の知人を介せば，お互いに繋がることを表現した言葉である．このように，スモールワールドは「世間は広いようで狭い．」ことを意味する．インターネット，電力網やたんぱく質の相互作用だけでなく，最近，燃焼振動や乱流噴流のスモールワールド性も調べられている [251], [259], [260]．

6.3 可視グラフ

　時系列のダイナミックスを簡単なグラフトポロジーとして表現した**自然可視グラフ**（natural visibility graph）が Lacasa らによって提案されている[261]. 自然可視グラフはグラフ理論に基づいて構築されたネットワークであるため, 本節では, ネットワークをグラフ, ノードを頂点, リンクを辺と呼ぶことにする. 自然可視グラフでは, はじめに時系列 $\{x(t_i)\}_{i=1}^N$ のデータ点を可視グラフの頂点の一つに割り当てる. $t_i < t_k < t_j$ にある任意の $x(t_k)$ が式 (6.20) の基準を満たすとき, 自然可視グラフ内の頂点 i と j は辺で繋がる.

$$\frac{x(t_k) - x(t_i)}{t_k - t_i} < \frac{x(t_j) - x(t_i)}{t_j - t_i},$$
$$\forall k \in (i, j). \tag{6.20}$$

　式 (6.20) を幾何学的に表現すると, 図 6.3 で示されるように, $x(t_i)$ と $x(t_j)$ を繋ぐ直線が高さ $x(t_k)$ の縦線と交わらなければ, 頂点 i と j は繋がると考える. つまり, 時系列を棒グラフに見立て, それぞれの頂点から放射状に出された視線が障害物によってさえぎられなければ, 頂点間を繋ぐ. 任意のデータ点 $x(t_i)$ の両隣の頂点 $x(t_{i-1})$ と $x(t_{i+1})$ は必ず $x(t_i)$ と繋がり, 無向である.

　実データへの適用例として, ガスタービンモデル燃焼器内の圧力変動から構築した自然可視グラフの平均次数 $\bar{k}$ と当量比 ϕ の関係を示す. この燃焼器では, ϕ を減少させると, 失火現象の一種である吹き消えが発生する. ϕ を減少させるにつれて, $\bar{k}$ は緩やかに低下していく. 自然可視グラフの平均次数は燃焼振動から吹き消えへの遷移状態の変化を捉えている.

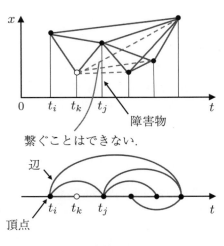

図 6.3　自然可視グラフ.

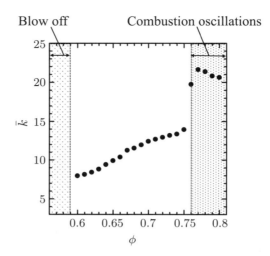

図 6.4 ガスタービンモデル燃焼器内の圧力変動から構築された自然可視グラフの平均次数 $\bar{k}$ と当量比 ϕ の関係.

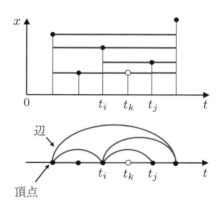

図 6.5 水平可視グラフ.

　水平可視グラフ（horizontal visibility graph）は自然可視グラフを単純化させたものである [262]. $t_i < t_k < t_j$ にある任意の $x(t_k)$ が式 (6.21) の基準を満たすとき，グラフ内の頂点 i と j は辺で繋がる.

$$x\left(t_k\right) < \inf\left(x\left(t_i\right), x\left(t_j\right)\right),$$
$$\forall k \in (i, j). \tag{6.21}$$

　式 (6.21) を幾何学的に表現すると，図 6.5 で示されるように，高さ $x(t_i)$ の縦線から $x(t_j)$ の方向へ時間軸に対して平行に伸ばした直線が $x(t_k)$ の縦線と交差しなければ，頂点 i と j は互いに結ばれる. このように，水平方向のみの可視性を考慮に入れたグラフを水平可視グラフと呼ぶ. 自然可視グラフと同様に，データ点の両隣の頂点は必ず繋がり，無向である.

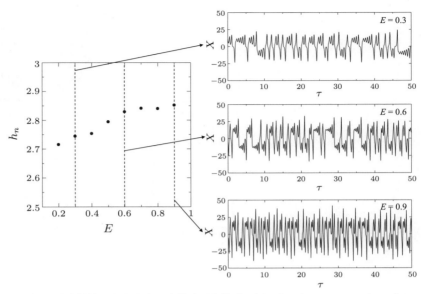

図 6.6　二重拡散対流を記述する連続時間力学系の解のネットワークエントロピー h_n
　　　　と空隙率 E の関係[223].

　次数分布を考慮に入れた情報エントロピーは

$$h_n = -\sum_{k=2}^{K} p(k) \log p(k) \qquad (6.22)$$

として表される．h_n はネットワークエントロピー（network entropy）もしく
はグラフエントロピー（graph entropy）と呼ばれる．例えば，logistic 写像の
ネットワークエントロピーは Lyapunov 指数の変化とほぼ対応しており，カオス
の重要な性質である軌道不安定性を引き継いでいることが報告されている[262].
二重拡散対流を記述する連続時間力学系の解のネットワークエントロピー h_n
と空隙率 E の関係[223] を図 6.6 に示す．この力学系では，多孔質の空隙率を増
加させると，対流挙動が複雑化する．h_n は E の増加に伴って単調に増加してお
り，ダイナミックスの乱雑さの変化を捉えている．周期倍分岐を経てカオス化
する火炎面不安定の温度変動の h_n[263] を図 6.7 に示す．ただし，D_a は反応物
の発熱量に関する分岐パラメータを表す．周期倍分岐構造と対応しながら，ネッ
トワークエントロピーも変化することがわかる．

6.4　リカレンスネットワーク

　リカレンスプロット（recurrence plot）は，埋め込み空間内の点同士の距離

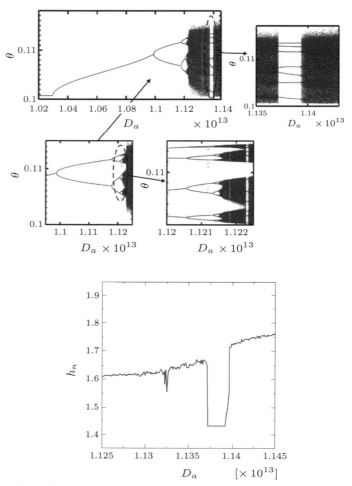

図 6.7　火炎面不安定の温度変動の周期倍分岐構造とネットワークエントロピー h_n の変化 [263].

の変化を視覚化したものであり，カオス同定法の一つとして Eckmann らによっ て提案された [264]．リカレンスプロットのパターンの定量化法 [265] とリカレン スプロットの有用性が平田によって解説されている [25]．本章では，リカレンス プロットの作成とリカレンスネットワークを解説する．リカレンスプロットは， 位相空間内の任意点 $\boldsymbol{x}_i$ と $\boldsymbol{x}_j$ の時刻 t_i と t_j を，それぞれ，横軸と縦軸にとっ た 2 次元平面から構成される．$\boldsymbol{x}_i$ と $\boldsymbol{x}_j$ が互いに近接するとき，その時刻で 2 次元平面に binary plot が打たれる．$\boldsymbol{x}_i$ と $\boldsymbol{x}_j$ が離れている時刻では，2 次元 平面に binary plot が打たれない．埋め込み空間内の 2 点間距離 $|\boldsymbol{x}_i - \boldsymbol{x}_j|$ を 用いることで，リカレンスプロットは

$$R_{ij} = \theta\big(\epsilon - |\boldsymbol{x}_i - \boldsymbol{x}_j|\big), \tag{6.23}$$

$$\theta(\epsilon - |\, \boldsymbol{x}_i - \boldsymbol{x}_j \,|) = \begin{cases} 1 & (|\, \boldsymbol{x}_i - \boldsymbol{x}_j \,| \leq \epsilon) \\ 0 & (|\, \boldsymbol{x}_i - \boldsymbol{x}_j \,| > \epsilon) \end{cases}$$

と表現できる．ϵ を設けずに，2 点間距離を量子化し，256 階調のカラーとしてリカレンスプロットを描いたものもある [4], [8], [231], [266]．埋め込み空間内の $\boldsymbol{x}_i$ と $\boldsymbol{x}_j$ をネットワークのノードとし，式 (6.23) で R_{ij} が正となるとき，ノード間にリンクが張られる．このようなネットワークをリカレンスネットワーク（recurrence network）という [265]．リカレンスネットワークの隣接行列 $\mathbf{A}$ は，

$$A_{ij} = R_{ij} - \delta_{ij} \tag{6.24}$$

と表現できる．ただし，δ_{ij} をクロネッカーのデルタとする．δ_{ij} を用いることで，リカレンスネットワークの主対角線に対応する $A_{ij} = 0$ を除外することができ，自己ループを持たない重み無し無向ネットワークを構築できる．リカレンスプロットと同様，リカレンスネットワークの構造も ϵ に依存する．リンク密度 ρ が 0.05 以下を満たすような ϵ が最適であると報告させている [267], [268]．リカレンスプロットの ϵ を設けずに，埋め込み空間の 2 点間距離をそのまま重み付き隣接行列の成分とすることもできる．

　実データへの適用例として，ガスタービンモデル燃焼器内の圧力変動とリカレンスネットワーク構造を図 6.8 に示す [260]．リカレンスネットワークのノードは埋め込み空間内の点に対応し，ノード間がリンクで繋がれている．当量比 ϕ の変化によって，リカレンスネットワーク構造も変化することがわかる．

　リカレンスネットワークの次数分布 $p(k)$ を情報エントロピーに考慮すると，ネットワークエントロピー S_r は

$$S_r = -\sum_{k=1}^{K} p(k) \log p(k) \tag{6.25}$$

となる．S_r はノード間の繋がりの乱雑さを表す指標の一つとなる．乱流火災の速度変動のリカレンスネットワークエントロピー [236] を図 6.9 に示す．z の増加に伴って，S_r も増加しており，水平可視グラフネットワークエントロピーと同様，乱流火災の上流領域から下流領域へのダイナミックスの乱雑化を捉えている．また，順列エントロピー S_p の変化とも対応している．ガスタービンモデル燃焼器 [230] 内の圧力変動のリカレンスネットワークエントロピー [270] を図 6.10 に示す．第 4 章でも述べたように，この燃焼器では，当量比 ϕ を 0.53 から 0.60 まで変化させると，燃焼振動が抑制され，燃焼状態の非周期性が強くなる [230]．ϕ の増加によって S_r は増加しており，燃焼状態の乱雑化が進んでいる．このように，リカレンスネットワークエントロピーは時系列の乱雑さの変化を定量化する特性量の一つとして有用である．

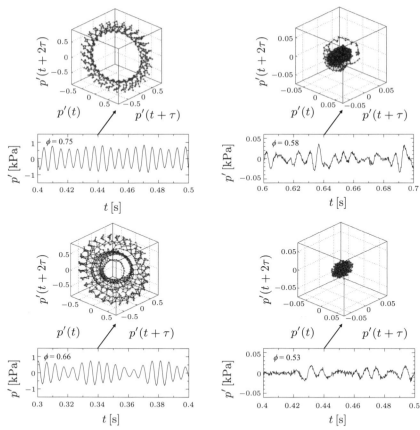

図 6.8　ガスタービンモデル燃焼器内の圧力変動とリカレンスネットワーク構造[260].
（裏表紙裏にカラーの図を掲載.）

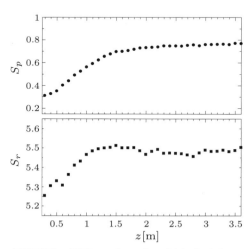

図 6.9　乱流火災の速度変動の順列エントロピー（上）とリカレンスネットワークエ
ントロピー（下）[236].

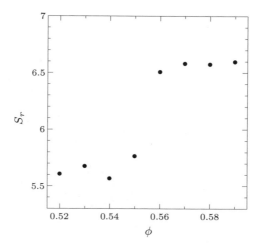

図 6.10　ガスタービンモデル燃焼器内の圧力変動のリカレンスネットワークエント
ロピー S_r と当量比 ϕ の関係[270].

6.5　推移ネットワーク

近年，時系列の順列パターンの推移から構築された**推移ネットワーク**（transition network）として，ordinal partition transition network が Small らの研究グループによって提案されている[269]．推移ネットワークでは，時系列に含まれる順列パターンをネットワークのノードとし，そのノードが時間経過に伴って同一もしくは別のノードへ推移するかでノード間を繋げる．ここで，推移ネットワークの基本的な事項である **Markov 連鎖**（Markov chain）の**推移確率**（transition probability）と**推移確率行列**（transition probability matrix）を述べておく．確率過程 $\{X(t_i)\}_{i=1}^n$ における条件付き確率 P がすべての n に対して，

$$P(X(t_{i+1})|X(t_i), X(t_{i-1}), ..., X(t_1)) = P(X(t_{i+1})|X(t_i))$$

(6.26)

を満たすとき，$\{X(t_i)\}$ を一次の Markov 連鎖という．このことは，$X(t_{i+1})$ の出現確率が $X(t_i)$ のみに依存することを示している．つまり，未来の状態の出現確率は現在の状態だけに依存し，それ以前の過去の状態には依存しない．$p_{jk} = P(X(t_{i+1}) = k|X(t_i) = j)$ と置くと，p_{jk} を時刻 t_i における j から k への推移確率という．p_{jk} を j 行 k 列に配置した行列 $\mathbf{P}$ はすべての状態の推移を表しており，この $\mathbf{P}$ を推移確率行列という．

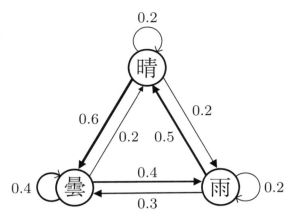

図 6.11　マルコフ連鎖に従う天気の状態推移図.

$$\mathbf{P} = \begin{pmatrix} p_{11} & p_{12} & \cdots & p_{1n} \\ p_{21} & p_{22} & \cdots & p_{2n} \\ \vdots & \vdots & \ddots & \vdots \\ p_{n1} & p_{n2} & \cdots & p_{nn} \end{pmatrix}.$$

　天気を例に，$X(t_i)$ がとりうる値の集合である状態空間 $\mathbf{S} = \{s_1, s_2, s_3\} = \{$ 晴れ, 曇り, 雨 $\}$ とする．状態空間と推移確率をそれぞれ，ノードとリンクで表現したものを**状態推移図**（state transition diagram）という．図 6.11 で示される状態推移図を考えてみる．例えば，「今日は晴れであり，明日も 0.2 の確率で晴れになる．」の推移確率は，$P(X(t_{i+1}) =$ 晴れ $|X(t_i) =$ 晴れ$) = p_{11} = 0.2$ である．また，「今日は晴れであるが，明日は 0.6 の確率で曇りになる．」の推移確率は，$P(X(t_{i+1}) =$ 曇り $|X(t_i) =$ 晴れ$) = p_{12} = 0.6$ である．すべての状態の推移を考えると，推移確率行列は

$$\mathbf{P} = \begin{pmatrix} 0.2 & 0.6 & 0.2 \\ 0.2 & 0.4 & 0.4 \\ 0.5 & 0.3 & 0.2 \end{pmatrix}$$

となる．つまり，推移確率行列は重み付きの隣接行列と見なすことができ，状態推移図は自己ループを持つ重み付き有向ネットワークとして表現できる．

　これらを踏まえて，推移ネットワークを構築する．一例として，ここでは $D = 3$ の場合を考えてみよう．$D = 3$ より，時系列の順列パターンの集合は $\{\pi_i\}_{i=1}^{6}$ となる．ただし，$\pi_1 = 123$, $\pi_2 = 132$, $\pi_3 = 213$, $\pi_4 = 231$, $\pi_5 = 312$, $\pi_6 = 321$ とする．図 6.12 で示されるように，順列パターンは $\pi_1 \to \pi_2 \to \pi_6 \to \pi_1$ へ推移し，これらのノード間にリンクが張られる．ノード間の推移確率を情報エントロピーに適用することで，自己ループを持つ重み付き有向ネットワークの**推移ネットワークエントロピー**（transition network entropy）を

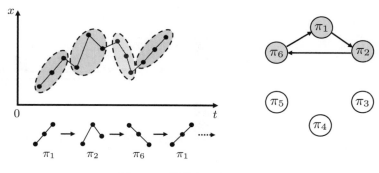

図 6.12 推移ネットワーク.

表 6.1 順列パターンの推移の組み合わせ Π.

Π_i	Π_1	Π_2	Π_3	Π_4
x	/	/	\	\
y	/	\	/	\

$$S_t = -\frac{\sum_{i=1}^{D!} \sum_{j=1}^{D!} w_{ij} \log w_{ij}}{\log(D!)^2}, \tag{6.27}$$

として定義できる．ただし，$w_{ij}(= p(\pi_i \to \pi_j))$ をノード間の推移確率とする．式 (6.27) を用いることで，ネットワークのノード間の推移の乱雑さを定量化することができる．最近，ロケットエンジンモデル燃焼器内の圧力変動の推移ネットワークエントロピーが見積られている [272]．本書では，複数の時系列間の相互作用や結合された動力学モデルの同期現象への応用を考え，簡単な例として，二つの時系列に対するそれぞれの順列パターンの推移の組み合わせに着目した方法 [271] を実データへ適用する．

　二つの時系列 x と y の順列パターンとその推移の組み合わせ Π を表 6.1 に示す．ただし，$D = 2$ とする．すべての組み合わせは，$\Pi = \{\Pi_1, \Pi_2, \Pi_3, \Pi_4\}$ となる．無向ネットワークの場合，Π_i から Π_j への推移確率 $w_{ij}(= p(\Pi_i \to \Pi_j))$ のパターンは 6 通り，有向ネットワークの場合，12 通りとなる．一般化すると，n 本の時系列から構築される有向ネットワークの順列パターンの推移の組み合わせは $(D!)^n$ となる．自己ループも考慮した順列パターンの推移の組み合わせは $(D!)^{2n}$ となる．

　実データへの適用例として，ガスタービンモデル燃焼器内の燃焼状態が燃焼振動へ遷移するときの推移ネットワーク [273] を図 6.13 に示す．燃焼器内の圧力と火炎自発光強度の時間変動を用い，自己ループも考慮する．また，$\Pi_i \to \Pi_j$ を Γ_{ij} と置く．ただし，$n = 2, D = 2$ とする．当量比 ϕ の増加によって燃焼振

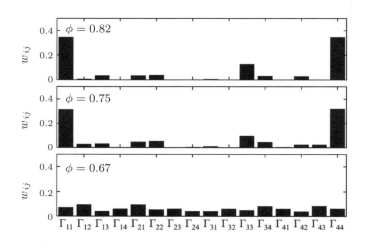

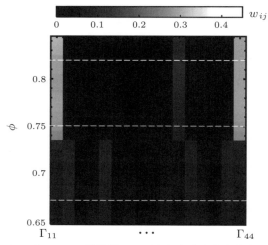

図 6.13　ガスタービンモデル燃焼器内の圧力と火炎自発光強度の時間変動から構築
された推移ネットワークの推移確率 w_{ij} と当量比 ϕ の関係[273]．（裏表紙裏
に下図のカラーの図を掲載．）

動が発生すると，Γ_{11} と Γ_{44} のパターン推移が支配的となる．このことは，圧
力と火炎自発光強度の時間変動は互いに同期し，両者の相互作用が強くなるこ
とを示している．推移ネットワークは時系列間の相互作用を取り扱うことがで
き，異常検知法の一つしても工学的に有用である[273]．式 (6.27) と同様に，複
数の時系列間の推移ネットワークのエントロピーも

$$S_t = -\frac{\sum_{i=1}^{D!^n}\sum_{j=1}^{D!^n} w_{ij}\log w_{ij}}{\log(D!)^{2n}}, \tag{6.28}$$

として定義できる．ただし，w_{ij} を n 本の時系列間の順列パターンの推移確率
とする．ガスタービンモデル燃焼器内の圧力と火炎自発光強度の時間変動から
得られた推移ネットワークエントロピー S_t と当量比 ϕ の関係を図 6.14 に示す．

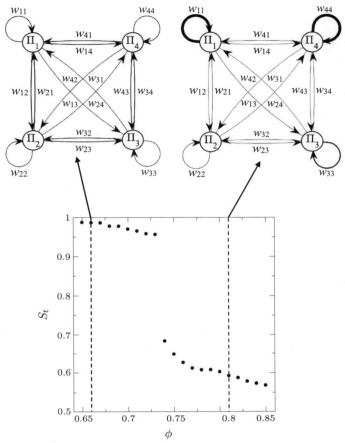

図 6.14 ガスタービンモデル燃焼器内の圧力変動の相対推移ネットワークエントロ
　　　　 ピー S_t と当量比 ϕ の関係.

ただし, $n = 2, D = 2$ とする. ϕ を増やしていくと, 燃焼状態は周期性の強
い燃焼振動に遷移し, S_t も低下する. このことは, S_t が圧力と火炎自発光強
度の同期状態を捉えていることを示している. 最近, 二つの圧力変動から構築
された推移ネットワークの S_t と当量比の関係も明らかにされている [270]. さら
に, ロケットエンジンモデル燃焼器内の水素/酸素噴流の濃度変動の推移ネット
ワークエントロピーが見積もられており, 濃度の同期状態も明らかにされつつ
ある [251]. このように, 推移ネットワークエントロピーは多変量解析の一つと
して有用である.

参考文献

[1] 相澤洋二, "非定常カオスの問題", 数理科学, **No.419**, 48–53, 1998.

[2] 合原一幸, カオス学入門, 放送大学教育振興会, 2001.

[3] 合原一幸, 相澤洋二 編著, 臨時別冊・数理科学 カオス研究の最前線 —非線形科学の世紀へ向けて—, サイエンス社, 1999.

[4] 合原一幸 編著, 池口徹, 山田泰司, 小室元政, カオス時系列解析の基礎と応用, 産業図書, 2000.

[5] 青木統夫, 力学系・カオス —非線形現象の幾何学的構成—, 共立出版, 1996.

[6] 有本卓, 確率・情報・エントロピー, 森北出版, 1980.

[7] 池口徹, 合原一幸, "力学系の埋め込み定理と時系列データからのアトラクタ再構成", 応用数理, **7**, 6–16, 1997.

[8] 池口徹, 中島美和子, 長谷川幹雄, 木村真帆, 的崎健, 合原一幸, "テクスチャ解析によるリカレンスプロットの定量化", 電子情報通信学会技術研究報告, **No.NLP95-101**, 23–30, 1996.

[9] 伊藤秀一, 常微分方程式と解析力学, 共立出版, 1998.

[10] 上田睆亮, 赤松則男, 林千博, "非線形常微分方程式の計算機シミュレーションと非周期振動", 電子通信学会論文誌, **J56-A**, 218–225.

[11] 上田睆亮, 現代非線形科学シリーズ 12 カオス現象論, コロナ社, 2008.

[12] 大橋弘忠, 鳥海不二夫, 白山普, 東京大学工学教程 システム工学 システム理論 II, 丸善出版, 2016.

[13] 小倉久直, 確率過程入門, 森北出版, 1998.

[14] 尾崎統, 時系列論, 放送大学教育振興会, 1988.

[15] 川嶋弘尚, 酒井英昭, 現代スペクトル解析, 森北出版, 1989.

[16] 香田徹, 離散力学系のカオス, コロナ社, 1998.

[17] 今野浩, 山下浩, 非線形計画法, 日科技連, 1978.

[18] 須鎗弘樹, 複雑系のための基礎数理, 牧野書店, 2010.

[19] 高木康順, 秋山裕, 田中辰雄, 応用計量経済学 I, 第 5 章 "カオス理論の計量分析への応用", 多賀出版, 1997.

[20] 高安秀樹, フラクタル, 朝倉書店, 1986.

[21] 巽友正, 流体力学 (新物理学シリーズ 21), 培風館, 1982.

[22] 中尾裕也, 長谷川幹雄, 合原一幸, ネットワーク・カオス -非線形ダイナミックス, 複雑系と情報ネットワーク-, 情報ネットワーク科学シリーズ, **第 4 巻**, コロナ社, 2018.

[23] 樋口知之, "時系列のフラクタル解析", 統計数理, **37**, 209–233, 1989.

[24] 飛田武幸, "入門：ホワイトノイズ解析", 数理科学, **No. 378**, 5–11, 1994.

[25] 平田禎人, "リカレンスプロット：時系列の視覚化を越えて", 京都大学数理解析研究所講究録, **第 1768 巻**, 23–30, 2011.

[26] 前園宣彦, 概説 確率統計 [第 3 版], サイエンス社, 2018.

[27] 増田直紀, 今野紀雄, 複雑ネットワーク 基礎から応用まで, 近代科学社, 2010.

[28] 南敏, 情報理論 (第 2 版), 産業図書, 1993.

[29] 宮野尚哉, 紫冨田浩, 中嶋研, 池永泰治, "動径基底関数ネットワークによるカオス炉況の短期予測", 電子情報通信学会論文誌, **J79-A**, 38–46, 1996.

[30] 宮野尚哉, 筒井孝子, 関庸一, 谷口仁志, "局所非線形参照による複雑なデータの判別分析", 電子情報通信学会技術研究報告, **No.NLP2001-32**, 65–72, 2001.

[31] 矢久保孝介, 複雑ネットワークとその構造, 共立出版, 2013.

[32] 矢部博, 八巻直一, 非線形計画法, 朝倉書店, 1999.

[33] 山口昌哉, カオス入門, 朝倉書店, 1996.

[34] H. D. I. Abarbanel, "Prediction in chaotic nonlinear systems: methods for time series with broadband Fourier spectra", *Phys. Rev.* A, **41**, 1782–1807, 1990.

[35] H. D. I. Abarbanel, R. Brown, J. J. Sidorowich, and L. S. Tsimring, "The analysis of observed chaotic data in physical systems", *Rev. Mod. Phys.*, **65**, 1331–1392, 1993.

[36] H. D. I. Abarbanel, T. A. Carroll, L. M. Pecora, J. J. Sidorowich, and L. S. Tsimring, "Predicting physical variables in time-delay embedding", *Phys. Rev.* E, **49**, 1840–1853, 1994.

[37] H. D. I. Abarbanel and M. B. Kennel, "Local false nearest neighbors and dynamical dimensions from observed chaotic data", *Phys. Rev.* E, **47**, 3057–3068, 1993.

[38] H. Akaike, "Statistical predictor identification", *Ann. Inst. Statist. Math.*, **22**, 203–217, 1970.

[39] H. Akaike, "A new look at the statisitical model identification", *IEEE Trans. Automatic Control*, **AC-19**, 716–723, 1974.

[40] R. Alicki, J. Andries, M. Fannes, and P. Tuyls, "An algebraic approach to the Kolmogorov-Sinai entropy", *Rev. Math. Phys.*, **8**, 167–184, 1996.

[41] V. I. Arnold and A. Avez, Ergodic Problems of Classical Mechanics. (日本語訳: 吉田耕作訳, 古典力学のエルゴード問題, 吉岡書店, 1972).

[42] R. Badii, G. Broggi, B. Derighetti, M. Ravni, S. Ciliberto, A. Politi, and M. A. Rubio, "Dimension increase in filtered chaotic signals", *Phys. Rev. Lett.*, **60**, 979–982, 1988.

[43] M. Barahona and C. Poon, "Detection of nonlinear dynamics in short, noisy time series", *Nature*, **381**, 215–217, 1996.

[44] A. R. Barron, "Universal approximation bounds for superpositions of a sigmoidal function", *IEEE Trans. Information Theory*, **39**, 930–945, 1993.

[45] M. S. Bartlett, "On the theoretical specification and sampling properties of autocorrelated time series", *J. Roy. Statist. Soc.*, **B8**, 27–41, 1946.

[46] E. B. Baum and D. Haussler, "What size net gives valid generalization?", *Neural Computation*, **1**, 151–160, 1989.

[47] R. E. Bellman, Adaptive Control Processes, Princeton University Press, 1961.

[48] A. Bonasera, V. Latora, and A. Rapisarda, "Universal behavior of Lyapunov exponents in unstable systems", *Phys. Rev. Lett.*, **75**, 3434–3437, 1995.

[49] G. E. P. Box, G. M. Jenkins, and G. C. Reinsel, Time Series Analysis: Forecasting and Control, 3rd Ed., Prentice-Hall International Inc., 1994.

[50] L. Brillouin, Science and Information Theory, Academic Press, New York, 1962.（日本語訳：佐藤洋 訳, 科学と情報理論, みすず書房, 1969.）

[51] A. W. Brock and C. L. Sayers, "Is the business cycle characterized by deterministic chaos?", *J. Monetary Economics*, **22**, 71–90, 1988.

[52] D. S. Broomhead and D. Lowe, "Multivariable functional interpolation and adaptive networks", *Complex Systems*, **2**, 321–355, 1988.

[53] R. Brown, "Calculating Lyapunov exponents for short and/or noisy data sets", *Phys. Rev. E*, **47**, 3962–3969, 1993.

[54] R. Brown, P. Bryant, and H. D. I. Abarbanel, "Computing the Lyapunov spectrums of a dynamical system from a observed time series", *Phys. Rev. A*, **43**, 2787–2806, 1991.

[55] P. Bryant, R. Brown, and H. D. I. Abarbanel, "Lyapunov exponents from observed time series", *Phys. Rev. Lett.*, **65**, 1523–1526, 1990.

[56] J. Y. Campbell, A. W. Lo, and A. C. MacKinlay, The Econometrics of Financial Markets, Princeton University Press (Princeton, New Jersey), 1997.

[57] B. Caprile and F. Girosi, "A nondeterministic minimization algorithm", *A. I. Memo*, **No.1254**, Artificial Intelligence Laboratory, Massachusetts Institute of Technology, 1990.

[58] M. Casdagli, "Nonlinear prediction of chaotic time series", *Physica* D, **35**, 335–356, 1989.

[59] R. Castro and T. Sauer, "Correlation dimension of attractors through interspike intervals", *Phys. Rev. E*, **55**, 287–290, 1997.

[60] J. M. Chambers and T. J. Hastie, Eds., Statistical Model in S, Wadsworth & Brooks / Cole Advanced Books & Software Pacific Grove (California), 1992.（日本語訳：柴田里程 訳, S と統計モデル ――データ科学の新しい波――, 共立出版社, 1994.）

[61] K. Cho, T. Miyano, and T. Toriyama, "Chaotic gas turbine subject to augmented Lorenz equations," *Phys. Rev. E*, **86**, 036308-1–036308-12, 2012.

[62] K. Cho and T. Miyano, "Chaotic cryptography using augmented Lorenz equations aided by quantum key distribution," *IEEE Trans. Circuits Syst.* I, **62**, 478–487, 2015.

[63] K. Cho and T. Miyano, "Design and test of pseudorandom number generator using a star network of Lorenz oscillators," *Int. J. Bifurcation Chaos*, **27**, 1750184-1–1750184-14, 2017.

[64] R. L. Devaney, An Introduction to Chaotic Dynamical Systems, Benjamin/Cummings Publishing Company, 1986.（日本語訳：後藤憲一 訳, カオス力学系入門, 共立出版, 1987.）

[65] P. M. Drysdale and P. A. Robinson, "Lèvy random walks in finite systems", *Phys. Rev. E*, **58**, 5382–5394, 1998.

[66] R. D. Dünki, "Largest Lyapunov-exponent estimation and selective prediction by means

of simplex forecast algorithm", *Phys. Rev.* E, **62**, 6505–6515, 2000.

[67] R. C. Eberhart and R. W. Dobbins, Eds., Neural Network PC Tools, Academic Press, 1990.

[68] J. P. Eckmann, S. O. Kamphorst, D. Ruelle, and S. Ciliberto, "Liapunov exponents from time series", *Phys. Rev.* A, **34**, 4971–4979, 1986.

[69] J. P. Eckmann and D. Ruelle, "Ergodic theory of chaos and strange attractors", *Rev. Mod. Phys.*, **57**, 617–656, 1985.

[70] A. Einstein, B. Podolsky, and N. Rosen, "Can quantum mechanical description of physical reality be considered complete?", *Phys. Rev.*, **47**, 777–780, 1935.

[71] C. Essex, T. Lookman, and M. A. H. Nerenberg, "The climate attractor over short timescales", *Nature*, **326**, 64–66, 1987.

[72] S. Eubank and J. D. Farmer, "An introduction to chaos and randomness", 1989 Lectures in Complex Systems, SFI Studies in the Sciences of Complexity, **Vol.II**, Eds. Erica Jen, Addison-Wiley, 75–190, 1990.

[73] J. D. Farmer, "Chaotic attractors of an infinite-dimensional dynamical system", *Physica* D, **4**, 366–393, 1982.

[74] J. D. Farmer, E. Ott, and J. A. Yorke, "The dimension of chaotic attractors", *Physica* D, **7**, 153–180, 1983.

[75] J. D. Farmer and J. J. Sidorowich, "Predicting chaotic time series", *Phys. Rev. Lett.*, **59**, 845–848, 1987.

[76] J. D. Farmer and J. J. Sidorowich, "Exploiting chaos to predict the future", *Technical Report* (Los Alamos National Laboratory), **LA-UR-88-901**, 1988.

[77] A. M. Ferrenberg and D. P. Landau, "Monte Carlo simulations: Hidden errors from 'good' random number generators", *Phys. Rev. Lett.*, **69**, 3382–3384, 1992.

[78] A. M. Fraser, "Information and entropy in strange attractors", *IEEE Trans. Information Theory*, **35**, 245–262, 1989.

[79] A. M. Fraser, "Reconstructing attractors from scalar time series: *A* comparison of singular system and redundancy criteria", *Physica* D, **34**, 391–404, 1989.

[80] A. M. Fraser, "Chaos and detection", *Phys. Rev.* E, **53**, 4514–4523, 1996.

[81] A. M. Fraser and H. L. Swinney, "Independent coordinates for strange attractors from mutual information", *Phys. Rev.* A, **33**, 1134–1140, 1986.

[82] B. R. Frieden and R. J. Hughes, "Spectral $1/f$ noise derived from extremized physical information", *Phys. Rev.* E, **49**, 2644–2649, 1994.

[83] J. H. Friedman and W. Stuetzle, "Projection pursuit regression", *J. American Statistical Association*, **76**, 817–823, 1981.

[84] K. Funahashi, "On the approximate realization of continuous mappings by neural networks", *Neural Networks*, **2**, 183–192, 1989.

[85] J. Gao and Z. Zheng, "Direct dynamical test for deterministic chaos and optimal embed-

ding of a chaotic time series", *Phys. Rev.* E, **49**, 3807–3814, 1994.

[86] P. Gaspard, M. E. Briggs, M. K. Francis, J. V. Sengers, R. W. Gammon, J. R. Dorfman, and R. V. Calabrese, "Experimental evidence for microscopic chaos", *Nature*, **394**, 865–868, 1998.

[87] S. Geman, E. Bienenstock, and R. Doursat, "Neural networks and the bias/variance dilemma", *Neural Computation*, **4**, 1–58, 1992.

[88] J. F. Gibson, J. D. Farmer, M. Casdagli, and S. Eubank, "An analytic approach to practical state space reconstruction", *Physica* D, **57**, 1–30, 1992.

[89] F. Girosi, "An equivalence between sparse approximation and support vector machines", *Neural Computation*, **10**, 1455–1480, 1998.

[90] F. Girosi, M Jones, and T. Poggio, "Regularization theory and neural networks architectures", *Neural Computation*, **7**, 219–269, 1995.

[91] S. Ghashghaie, W. Breymann, J. Peinke, P. Talkner, and Y. Dodge, "Turbulent cascades in foreign exchange markets", *Nature*, **381**, 767–770, 1996.

[92] P. Grassberger, "Do climatic attrators exist?", *Nature*, **323**, 609–612, 1985.

[93] P. Grassberger, "Nonlinear time sequence analysis", *Int. J. Bifurcation Chaos*, **1**, 521–547, 1991.

[94] P. Grassberger and I. Procaccia, "Characterization of strange attractors", *Phys. Rev. Lett.*, **50**, 346–349, 1982.

[95] P. Grassberger and I. Procaccia, "Measuring the strangeness of strange attractors", *Physica* D, **9**, 189–208, 1983.

[96] B. Hatfield, Quantum Field Theory of Point Particles and Strings, Chapter 9, Addison-Wesley Publishing Company, 1992.

[97] S. Haykin, Neural Networks, Macmillan College Publishing Company, New York, 1994.

[98] R. Hecht-Nielsen, Neurocomputing, Addison-Wesley Publishing Company, 1990.

[99] R. Hegger, H. Kantz, and E. Olbrich, "Correlation dimension of intermittent signals", *Phys. Rev.* E, **56**, 199–203, 1997.

[100] R. Hegger, H. Kantz, L. Matassini, and T. Schreiber, "Coping with nonstationarity by overembedding", *Phys. Rev. Lett.*, **84**, 4092–4095, 2000.

[101] M. Hènon, "A two-dimensional mapping with a strange attractor", *Commun. Math. Phys.*, **50**, 69, 1976.

[102] H. G. E. Hentschel and I. Procaccia, "The infinite number of generalized dimensions of fractals and strange attractors", *Physica* D, **8**, 435–444, 1983.

[103] T. Higuchi, "Approach to and irregular time series on the basis of the fractal theory", *Physica* D, **31**, 277–283, 1988.

[104] M. W. Hirsh and S. Smale, Differential Equations, Dynamical Systems, and Linear Algebra, Academic Press, New York, 1974.（日本語訳：田村一郎, 水谷忠良, 新井紀久子 訳, 力学系入門, 岩波書店, 1976.）

[105] Y. Hirata, S. Horai, H. Suzuki, and K. Aihara, "Testing serial dependence by random-shuffle surrogates and the Wayland method", *Phys. Lett.* A, **370**, 265–274, 2007.

[106] T. Ikeguchi and K. Aihara, "Difference correlation can distinguish deterministic chaos from $1/f^\alpha$-type colored noise", *Phys. Rev.* E, **55**, 2530–2538, 1997.

[107] H. Jaeger, "The 'echo state' approach to analysing and training recurrent neural networks – with an Erratum note", *German National Research Center for Information Technology GMD Report* No. 148, 2001.

[108] H. Jaeger, M. Lukosevicius, D. Popovici, and U. Siewert, "Optimization and applications of echo state networks with leaky-integrator neurons", *Neural Networks*, **20**, 335–352, 2007.

[109] F. James, "A review of pseudorandom number generators", *Computer Physics Communications*, **60**, 329–344, 1990.

[110] P. D. Jones, T. M. L. Wigley, and P. B. Wright, "Global temperature variations between 1861 and 1984", *Nature*, **322**, 430–434, 1986.

[111] H. Kantz, "A robust method to estimate the maximal Lyapunov exponent of a time series", *Phys. Lett.* A, **185**, 77–87, 1994.

[112] D. T. Kaplan and L. Glass, "Direct test for determinism in a time series", *Phys. Rev. Lett.*, **68**, 427–430, 1992.

[113] D. T. Kaplan and L. Glass, "Coarse-grained embeddings of time series: Random walks, Gaussian random processes, and deterministic chaos", *Physica* D, **64**, 431–454, 1993.

[114] N. J. Kasdin, "Discrete simulation of colored noise and stochastic processes and $1/f^\alpha$ power law noise generation", *Proc. IEEE*, **83**, 802–827, 1995.

[115] M. B. Kennel, "Statisitical test for dynamical nonstationarity in observed time-series data", *Phys. Rev.* E, **56**, 316–321, 1997.

[116] M. Kennel and S. Isabelle, "Method to distinguish possible chaos from colored noise and to determine embedding parameters", *Phys. Rev.* A, **46**, 3111–3117, 1992.

[117] M. S. Keshner, "$1/f$ noise", *Proc. IEEE*, **70**, 212–218, 1982.

[118] J. Klafter, M. F. Shlesinger, and G. Zumofen, "Beyond Brownian motion", *Physics Today*, **February 1996**, 33–39, 1996.

[119] L. H. Koopmans, The Spectrum Analysis of Time Series, Academic Press, 1974.

[120] E. J. Kostelich, "Bootstrap estimates of chaotic dynamics", *Phys. Rev.* E, **64**, 16213–16222, 2001.

[121] A. Lapedes and R. Farber, "How neural nets work", *Technical Report*, Los Alamos National Laboratory, **No.LA-UR-88-418**, 1988.

[122] W. Liebert, K. Pawelzik, and H. G. Schuster, "Optimal embeddings of chaotic attractors from topological considerations", *Europhys. Lett.*, **14**, 521–526, 1991.

[123] W. Liu, I. Park, Y. Wang, and J. C. Príncipe, "Extended kernel recursive least squares algorithm", *IEEE Trans. Signal Process.*, **57**, 3801–3814, 2009.

[124] N. K. Logothetis, J. Pauls, and T. Poggio, "Shape representation in the inferior temporal cortex of monkeys", *Current Biology*, **5**, 552–563, 1995.

[125] G. G. Lorentz, Approximation of Functions, 2nd Ed., Chelsea Publishing Company, 1986.

[126] E. N. Lorenz, "Deterministic nonperiodic flow", *J. Atmos. Sci.*, **20**, 130–141, 1963.

[127] E. N. Lorenz, "Atmospheric predictability as revealed by naturally occurring analogues", *J. Atmos. Sci.*, **26**, 636–646, 1969.

[128] E. N. Lorenz, "Irregularity: A fundamental property of the atmosphere", *Tellus* A, **36**, 98, 1984.

[129] E. N. Lorenz, "Dimension of weather and climate attractors", *Nature*, **353**, 241–244, 1991.

[130] M. Lukosevicius and H. Jaeger, "Reservoir computing approaches to recurrent neural network training", *Comput. Sci. Rev.*, **3**, 127–149, 2009.

[131] W. Maass, T. Natschläger, and H. Markram, "Real-time computing without stable states: A new framework for neural computation based on perturbations", *Neural Computation*, **14**, 2531–2560, 2002.

[132] M. C. Mackey, "The dynamical origin of increasing entropy", *Rev. Mod. Phys.*, **61**, 981–1015, 1989.

[133] B. Mandelbrot, The Fractal Geometry of Nature, Freeman, San Francisco, 1982.

[134] R. N. Mantegna and H. E. Stanley, "Scaling behaviour in the dynamics of an economic index", *Nature*, **376**, 46–49, 1995.

[135] A. Mees, "Dynamical systems and tesselations: Detecting determinism in data", *Int. J. Bifurcation chaos*, **1**, 777–794, 1991.

[136] W. Mendenhall and R. J. Beaver, A Course in Business Statistics, PWS-Kent Publishing Company, Boston, 1984.

[137] H. N. Mhaskar, "Neural networks for optimal approximation of smooth and analytic functions", *Neural Computation*, **8**, 164–177, 1995.

[138] S. L. Miller, W. M. Miller, and P. J. MacWhorter, "External dynamics: A unifying physical explanation of fractals, $1/f$ noise, and activated processes", *J. Appl. Phys.*, **73**, 2617–2628, 1993.

[139] T. Miyano, "Time series analysis of complex dynamical behavior contaminated with observational noise", *Int. J. Bifurcation Chaos*, **6**, 2031–2045, 1996.

[140] T. Miyano, "Are Japanese vowels chaotic?", *Proc. 4th International Conference on Soft Computing*, **2**, 634–637, 1996.

[141] T. Miyano and F. Girosi, "Forecasting global temperature variations by neural networks", *A. I. Memo*, **No. 1447**, Artificial Intelligence Laboratory, Masachusetts Institute of Technology, 1994.

[142] T. Miyano, S. Kimoto, H. Shibuta, K. Nakashima, Y. Ikenaga, and K. Aihara, "Time se-

ries analysis and prediction on complex dynamical behavior observed in a blast furnace", *Physica* D, **135**, 305–330, 1999.

[143] T. Miyano, S. Munetoh, K. Moriguchi, and A. Shintani, "Dynamical instability of the motion of atoms in silicon crystals", *Phys. Rev.* E, **64**, 16202–16209, 2001.

[144] T. Miyano, A. Nagami, I. Tokuda, and K. Aihara, "Detecting nonlinear determinism in voiced sounds of Japanese vowel /a/", *Int. J. Bifurcation Chaos*, **10**, 1973–1979, 2000.

[145] T. Miyano, T. Tsutsui, Y. Seki, and H. Taniguchi, "Classification and prediction of medical data by adaptive nonlinear local approximation technique", *Proc. 2nd International ICSC Symposium on Advances in Intelligent Data Analysis*, **No. 1721-054**, 2001.

[146] Y. Moon, B. Rajagopalan, and U. Lall, "Estimation of mutual information using kernel density estimators", *Phys. Rev.* E, **52**, 2318–2321, 1995.

[147] A. Nagami, H. Inada, and T. Miyano, "Generalized regularization networks with a particular class of bell-shaped basis function", *IEICE Trans. Fundamentals of Electronics, Communications and Computer Sciences*, **E81-A**, 2443–2448, 1998.

[148] C. Nicolis and G. Nicolis, "Is there a climatic attractor?", *Nature*, **311**, 529–532, 1984.

[149] P. Niyogi and F. Girosi, "On the relationship between generalization error, hypothesis complexity, and sample complexity for radial basis functions", *Neural Computation*, **8**, 819–842, 1996.

[150] A. R. Osborne, A. D. Kirwan, A. Provenzale, and L. Bergamasco, "A search for chaotic behavior in large and mesoscale motions in the pacific ocean", *Physica* D, **23**, 75–83, 1986.

[151] A. R. Osborne and A. Provenzale, "Finite correlation dimension for stochastic systems with power-law spectra", *Physica* D, **35**, 357–381, 1989.

[152] V. I. Oseledec, "A multiplicative ergodic theorem: Lyapunov characteristic numbers for dynamical systems", *Trans. Moscow Math. Soc.*, **19**, 197–221, 1968.

[153] N. H. Packard, J. P. Crutchfield, J. D. Farmer, and R. S. Shaw, "Geometry from a time series", *Phys. Rev. Lett.*, **45**, 712–716, 1980.

[154] M. Pagano, "On the linear convergence of a covariance factorization algorithm", *J. Assoc. Comp. Math.*, **23**, 310–316, 1976.

[155] S. K. Park and K. W. Miller, "Random number generators: Good ones are hard to find", *Communications of the ACM*, **31**, 1192–1201, 1988.

[156] U. Parlitz, "Identification of true and spurious Lyapunov exponents from time series", *Int. J. Bifurcation Chaos*, **2**, 155–165, 1991.

[157] E. Parzen, "Some recent advances in time series modeling", *IEEE Trans. on Automatic Control*, **AC-19**, 723–730, 1974.

[158] J. Pathak, Z. Lu, B. R. Hunt, M. Girvan, and E. Ott, "Using machine learning to replicate chaotic attractors and calculate Lyapunov exponents from data", *Chaos*, **27**, 121102-1–121102-9, 2017.

[159] J. Pathak, Z. Lu, B. R. Hunt, M. Girvan, and E. Ott, "Model-free prediction of large spatiotemporally chaotic systems from data: A reservoir computing approach", *Phys. Rev. Lett.*, **120**, 024102-1–024102-5, 2018.

[160] L. M. Pecora, T. L. Carroll, and J. F. Heagy, "Statistics for mathematical properties of maps between time series embeddings", *Phys. Rev.* E, **52**, 3420–3437, 1995.

[161] T. Poggio, "A theory of how the brain might work", *Proc. Cold Spring Harbor Symposium on Quantitative Biology*, **LX**, 899–910, 1990.

[162] T. Poggio and F. Girosi, "Networks for approximation and learning", *Proc. IEEE*, **78**, 1481–1497, 1990.

[163] T. Poggio and F. Girosi, "A sparse representation for function approximation", *Neural Computation*, **10**, 1445–1454, 1998.

[164] M. Pontil and A. Verri, "Properties of support vector machines", *Neural Computation*, **10**, 955–974, 1998.

[165] W. H. Press, B. P. Flannery, S. A. Teukolsky, and W. T. Vetterling, Numerical Recipes in C —The Art of Scientific Computing—, Cambridge University Press (Cambridge), 1988. (日本語訳: 丹慶勝市, 奥村晴彦, 佐藤俊郎, 小林誠 訳, ニューメリカルレシピ・イン・シー —C言語による数値計算のレシピ—, 技術評論社, 1993.)

[166] D. Prichard and J. Theiler, "Generating surrogate data for time series with several simultaneously measured variables", *Phys. Rev. Lett.*, **73**, 951–954, 1994.

[167] A. Provenzale, A. R. Osborne, and R. Soj, "Convergence of the KS entropy for random noises with power law spectra", *Physica* D, **47**, 361–372, 1991.

[168] C. Raab and J. Kurths, "Estimation of large-scale dimension densities", *Phys. Rev.* E, **64**, 16216–16220, 2001.

[169] G. Rangarajan, S. Habib, and R. D. Ryne, "Lyapunov exponents without rescaling and reorthogonalization", *Phys. Rev. Lett.*, **80**, 3747–3750, 1998.

[170] P. E. Rapp, A. M. Albano, T. I. Schmah, and L. A. Farwell, "Filtered noise can mimic low-dimensional chaos", *Phys. Rev.* E, **47**, 2289–2297, 1993.

[171] A. Rényi, Probability Theory, North-Holland, 1970.

[172] M. D. Richard and R. P. Lippmann, "Neural network classifiers estimate Bayesian a posteriori probabilities", *Neural Computation*, **3**, 461–483, 1991.

[173] J. Rissanen, "Algorithms for triangular decomposition of block Hankel and Toeplitz matrices with application to factoring positive matrix polynomials", *Math. Comp.* **27**, 147–154, 1973.

[174] J. Rissanen, "Stochastic complexity and modeling", *Ann. Statisit.*, **14**, 1080–1100, 1986.

[175] D. Ruelle, "Deterministic chaos: The science and the fiction", *Proc. R. Soc. Lond.* A, **427**, 241–248, 1989.

[176] D. E. Rumelhart, J. L. McClelland, and the PDP Research Group, Parallel Distributed Processing, **1**, Chapter 8, The MIT Press, Cambridge, 1986.

[177] L. W. Salvino and R. Cawley, "Smoothness implies determinism: A method to detect it in time series", *Phys. Rev. Lett.*, **73**, 1091–1094, 1994.

[178] M. Sano and Y. Sawada, "Measurement of the Lyapunov spectrum from a chaotic time series", *Phys. Rev. Lett.*, **55**, 1082–1085, 1985.

[179] S. Sato, M. Sano, and Y. Sawada, "Practical methods of measuring the generalized dimension and the largest Lyapunov exponent in high dimensional chaotic systems", *Prog. Theor. Phys.*, **77**, 1–5, 1987.

[180] T. Sauer, J. A. Yorke, and M. Casdagli, "Embedology", *J. Stat. Phys.*, **65**, 579–616, 1991.

[181] J. D. Scargle, "Studies in astronomical time series analysis. IV. Modeling chaotic and random processes with linear filters", *The Astrophysical J.*, **359**, 469–482, 1990.

[182] T. Schreiber, "Detecting and analyzing nonstationarity in a time series using nonlinear cross prediction", *Phys. Rev. Lett.*, **78**, 843–846, 1997.

[183] T. Schreiber, "Constrained randomization of time series data", *Phys. Rev. Lett.*, **80**, 2105–2108, 1998.

[184] T. Schreiber and A. Schmitz, "Improved surrogate data for nonlinearity test", *Phys. Rev. Lett.*, **77**, 635–638, 1996.

[185] T. Schreiber and A. Schmitz, "Constrained randomization of time series for hypothesis testing", *Proc. 1998 International Symposium on Nonlinear Theory and its Applications*, 579–582, 1998.

[186] M. Schroeder, Fractals, Chaos, Power Laws, W. H. Freeman and Company, New York, 1991.

[187] C. G. Schroer, T. Sauer, E. Ott, and J. A. Yorke, "Predicting chaos most of the time from embeddings with self-intersections", *Phys. Rev. Lett.*, **80**, 1410–1413, 1998.

[188] M. F. Shlesinger, G. M. Zaslavsky, and J. Klafter, "Strange kinetics", *Nature*, **363**, 31–37, 1993.

[189] J. C. Sommerer and E. Ott, "A physical system with qualitatively uncertain dynamics", *Nature*, **365**, 138–140, 1993.

[190] M. H. R. Stanley, L. A. N. Amaral, S. V. Buldyrev, S. Havlin, H. Leschhorn, P. Maass, M. A. Salinger, and H. E. Stanley, "Scaling behaviour in the growth of companies", *Nature*, **379**, 804–806, 1996.

[191] G. Sugihara and R. M. May, "Nonlinear forecasting as a way of distinguishing chaos from measurement error in time series", *Nature*, **344**, 734–741, 1990.

[192] G. G. Szpiro, "Forecasting chaotic time series with genetic algorithm", *Phys. Rev.* E, **55**, 2557–2568, 1997.

[193] F. Takens, "Detecting strange attractors in turbulence", *Lecture Notes in Mathematics*, Springer-Verlag, **898**, 366–381, 1981.

[194] J. Theiler, "Statistical precision of dimension estimators", *Phys. Rev.* A, **41**, 3038–3051,

1990.

[195] J. Theiler, "Some comments on the correlation dimension of $1/f^\alpha$ noise", *Phys. Lett.* A, **155**, 480–493, 1991.

[196] J. Theiler, "On the evidence for low-dimensional chaos in an epileptic electroencephalogram", *Phys. Lett.* A, **196**, 335–341, 1995.

[197] J. Theiler, S. Eubank, A. Longtin, B. Galdrikian, and J. D. Farmer, "Testing for nonlinearity in time series: The method of surrogate data", *Physica* D, **58**, 77–94, 1992.

[198] J. Theiler and D. Prichard, "Constrained-realization Monte-Carlo method for hypothesis testing", *Physica* D, **94**, 221–235, 1996.

[199] J. M. T. Thompson and H. B. Stewart, Nonlinear Dyamics and Chaos —Geometrical Methods for Engineers and Scientists—, John Wiley & Sons, 1986.（日本語訳：武者利光 監訳, 橋口住久 訳, 非線形力学とカオス — 技術者・科学者のための幾何学的手法—, オーム社, 1988.）

[200] A. Tikhonov, "Solution of incorrectly formulated problems and the regularization method", *Soviet Math. Dokl.*, **4**, 1035–1038, 1963.

[201] A. Tikhonov and V. Y. Arsenin, Solutions of Ill-Posed Problems, W. H. Winston, Washington D.C., 1977.

[202] A. Tikhonov and V. Goncharsky, Eds., Ill-Posed Problems in the Natural Sciences, Mir, Moscow, 1987.

[203] I. Tokuda, T. Miyano, and K. Aihara, "Surrogate analysis for detecting nonlinear dynamics in normal vowels", *J. Accoust. Soc. Am.*, **110**, 3207–3217, 2001.

[204] M. A. Trevisan, M. C. Eguia, and G. B. Mindlin, "Nonlinear aspects of analysis and synthesis of speech time series data", *Phys. Rev.* E, **63**, 26216–26221, 2001.

[205] R. S. Tsay, "Model checking via parametric bootstraps in time series analysis", *Appl. Statist.*, **41**, 1–15, 1992.

[206] A. A. Tsonis and J. B. Elsner, "The weather attractor over very short timescales", *Nature*, **333**, 545–547, 1988.

[207] A. A. Tsonis and J. B. Elsner, "Nonlinear prediction as a way of distinguishing chaos from random fractal sequences", *Nature*, **358**, 217–220, 1992.

[208] H. Tuckwell, Elementary Applications of Probability Theory, 2nd Eds., Chapman & Hall, 87–88, 1995.

[209] Y. Ueda, *The Road to Chaos*, Aerial Press, Santa Cruz, 1992.

[210] Y. Ueda, "Basin-filling Peano omega-branches and structural stability of a chaotic attractor", *NOLTA, IEICE*, **5**, 252–258, 2014.

[211] P. P. van der Smagt, "Minimisation methods for training feed forward neural networks", *Neural Networks*, **7**, 1–11, 1994.

[212] W. Vandaele, Applied Time Series and Box-Jenkins Models, Academic Press, 1983.（日本語訳：蓑谷千凰彦, 廣松毅 訳, 時系列入門 —ボックス・ジェンキンスモデルの応用—, 多賀

出版, 1988.）

[213] V. N. Vapnik, The Nature of Statistical Learning Theory, Springer-Verlag, New York, 1995.

[214] V. N. Vapnik, Statistical Learning Theory, John Wiley & Sons, New York, 1998.

[215] V. N. Vapnik, "An overview of statistical learning theory", *IEEE Trans. Neural Networks*, **10**, 988–999, 1999.

[216] W. N. Venables and B. D. Ripley, Modern Applied Statistics with S-Plus, Springer-Verlag, New York, 1999.（日本語訳：伊藤幹夫, 大津泰介, 戸瀬信之, 中東雅樹 訳, S–PLUS による統計解析, シュプリンガー・フェアラーク東京, 2001.）

[217] R. F. Voss, "Random fractals: Self-affinity in noise, music, mountains, and clouds", *Physica* D, **38**, 362–371, 1989.

[218] G. Wahba, Splines Models for Observational Data, SIAM, Philadelphia, 1990.

[219] D. J. Wales, "Calculating the rate of loss of information from chaotic time series by forecasting", *Nature*, **350**, 485–488, 1991.

[220] M. P. Wand and M. C. Jones, "Multivariate plug-in bandwidth selection", *Computational Statistics*, **9**, 97–116, 1994.

[221] R. Wayland, D. Bromley, D. Pickett, and A. Passamante, "Recognizing determinism in a time series", *Phys. Rev. Lett.*, **70**, 530–582, 1993.

[222] H. Gotoda, T. Miyano, and I. G. Shepherd, "Dynamic properties of unstable motion of swirling premixed flame generated by a change in gravitational orientation ", *Phys. Rev.* E, **81**, 026211-1–026211-10, 2010.

[223] S. Kondo, H. Gotoda, T. Miyano, and I. T. Tokuda, "Chaotic dynamics of large-scale double-diffusive convection in a porous medium", *Physica* D, **364**, 1–7, 2018.

[224] S. Wiggins, Introduction to Applied Nonlinear Dynamical Systems and Chaos, Springer-verlag, New York, 1990.（日本語訳：丹羽敏雄 監訳, 非線形の力学系とカオス（新装版）, シュプリンガー・フェアラーク東京, 2000.）

[225] C. P. Williams and S. H. Clearwater, Explorations in Quantum Computing, Springer-Verlag, New York, 1998.

[226] R. Badii and A. Politi, Complexity: hierarchical structures and scaling in physics, Cambridge University Press, 1997.

[227] C. Tsallis, "Possible generation of Boltzman-Gibbs statistics", *J. Stat. Phys.*, **52**, 479–487, 1988.

[228] P. Grassberger, "Generalized dimensions of strange attractors", *Phys. Lett.* A, **97**, 227–230, 1982.

[229] M. Costa, A. L. Goldberger, and C. K. Peng, "Multiscale entropy analysis of biological signals", *Phys. Rev.* E, **71**, 021906-1–021906-18, 2005.

[230] S. Tachibana, L. Zimmer, Y. Kurosawa, and K. Suzuki, "Active control of combustion oscillations in a lean premixed combustor by secondary fuel injection coupling with

chemiluminescence imaging technique", *Proc. Combust. Inst.*, **31**, 3225–3233, 2007.

[231] H. Gotoda, Y. Okuno, K. Hayashi, and S. Tachibana, "Characterization of degeneration process in combustion instability based on dynamical systems theory", *Phys. Rev. E*, **92**, 052906-1–052906-11, 2015.

[232] T. C. Lieuwen, Unsteady combustor physics, Cambridge University Press, 2012.

[233] S. Domen, H. Gotoda, T. Kinugawa, Y. Okuno, and S. Tachibana, "Detection and prevention of blowout in a lean premixed gas-turbine model combustor using the concept of dynamical system theory", *Proc. Combust. Inst.*, **35**, 3245–3253, 2015.

[234] J. Kurths, U. Schwarz, A. Witt, R. Krampe, and M. Abel, "Measure of complexity in signal analysis", *AIP Conf. Proc.*, **375**, 33–54, 1996.

[235] C. Bandt and B. Pompe, "Permutation entropy: A natural complexity measure for time series", *Phys. Rev. Lett.*, **88**, 174102-1–174102-4, 2002.

[236] K. Takagi, H. Gotoda, I. T. Tokuda, and T. Miyano, "Nonlinear dynamics of a buoyancy-induced turbulent fire", *Phys. Rev. E*, **96**, 052223-1–052223-7, 2017.

[237] H. Kobayashi, H. Gotoda, S. Tachibana, and S. Yoshida, "Detection of frequency-mode-shift during thermoacoustic combustion oscillations in a staged aircraft engine model combustor", *J. Appl. Phys.*, **122**, 224904-1–224904-6, 2017.

[238] T. Miyano, T. Moriya, H. Nagaike, N. Ikeuchi, and T. Matsumoto, "Dynamical properties of acoustic emission by anomalous discharge in plasma processing system", *J. Phys. D*, **41**, 035209-1–035209-9, 2008.

[239] B. Fadlallah, B. Chen, A. Keil, and J. Principe, "Weighted-permutation entropy: A complexity measure for time series incorporating amplitude information", *Phys. Rev. E*, **87**, 022911-1–022911-7, 2013.

[240] S. Murayama, K. Kaku, M. Funatsu, and H. Gotoda, "Characterization of dynamic behavior of combustion noise and detection of blowout in a laboratory-scale gas-turbine model combustor", *Proc. Combust. Inst.*, **37**, 5271–5278, 2017.

[241] C. W. Kulp and L. Zunino, "Discriminating chaotic and stochastic dynamics through the permutation spectrum test", *Chaos*, **24**, 033116-1–033116-9, 2014.

[242] J. M. Amigo, S. Zambrano, and M. A. F. Sanjuan, "True and false forbidden patterns in deterministic and random dynamics", *Europhys. Lett.*, **79**, 50001-1–50001-5, 2007.

[243] S. Kalliadasis, C. Ruyer-Quil, B. Scheid, and M. G. Velarde, Falling Liquid Films, Springer Series on Applied Mathematical Sciences, vol. 176, Springer-Verlag, New York, 2012.

[244] H. Gotoda, M. Pradas, and S. Kalliadasis, "Chaotic versus stochastic behavior in active-dissipative nonlinear systems", *Phys. Rev. Fluids*, **2**, 124401-1–124401-15, 2017.

[245] H. Gotoda, H. Kobayashi, and K. Hayashi, "Chaotic dynamics of a swirling flame front instability generated by a change in gravitational orientation", *Phys. Rev. E*, **95**, 022201-1–022201-8, 2017.

[246] M. McCullough, K Sakellariou, T. Stemler, and M. Small, "Counting forbidden patterns in irregularly sampled time series. I. The effects of under-sampling, random depletion, and timing jitter", *Chaos*, **26**, 123103-1–123103-8, 2016.

[247] K. Takagi, H. Gotoda, I. T. Tokuda, and T. Miyano, "Dynamic behavior of temperature field in a buoyancy-driven turbulent fire", *Phys. Lett. A*, **382**, 3181–3186, 2018.

[248] O. A. Rosso, H. A. Larrondo, M. T. Martin, A. Plastino, and M. A. Fuentes, "Distinguishing noise from chaos", *Phys. Rev. Lett.*, **99**, 154102-1–154102-4, 2007.

[249] L. Zunino, M. C. Soriano, and O. A. Rosso, "Distinguishing chaotic and stochastic dynamics from time series by using a multiscale symbolic approach", *Phys. Rev. E*, **86**, 046210-1–046210-10, 2012.

[250] H. Kasuya, H. Gotoda, S. Yoshida, and S. Tachibana, "Dynamic behavior of combustion instability in a cylindrical combustor with an off-center installed coaxial injector", *Chaos*, **28**, 033111-1–033111-8, 2017.

[251] W. Kobayashi, H. Gotoda, S. Kandani, Y. Ohmichi, and S. Matsuyama, "Spatiotemporal dynamics of turbulent coaxial jet analyzed by symbolic information-theory quantifiers and complex-network approach", *Chaos*, **29**, 0123110-1–023110-8, 2019.

[252] M. E. J. Newman, Networks An Introduction, Oxford University Press, 2010.

[253] A-L. Barabási, Network Science, Cambridge University Press, 2016.

[254] K. Taira, A. G. Nair, and S. L. Brunton, "Network structure of two-dimensional decaying isotropic turbulence", *J. Fluid Mech.*, **795**, R2-1–R2-11, 2016.

[255] S. Murayama, H. Kinugawa, I. T. Tokuda, and H. Gotoda, "Characterization and detection of thermoacoustic combustion oscillations based on statistical complexity and complex-network theory", *Phys. Rev. E*, **97**, 022223-1–022223-8, 2018.

[256] K. Takagi, H. Gotoda, T. Miyano, S. Murayama, and I. T. Tokuda, "Synchronization of two coupled turbulent fires", *Chaos*, **28**, 045116-1–045116-6, 2018.

[257] K. Takagi, and H. Gotoda, "Effect of gravity on nonlinear dynamics of the flow velocity field in turbulent fire", *Phys. Rev. E*, **98**, 032207-1–032207-7, 2018.

[258] T. Hashimoto, H. Shibuya, H. Gotoda, Y. Ohmichi, and S. Matsuyama, "Spatiotemporal dynamics and early detection of thermoacoustic combustion instability in a model rocket combustor", *Phys. Rev. E*, **99**, 032208-1–032208-7, 2019.

[259] Y. Okuno, M. Small, and H. Gotoda, "Dynamics of self-excited thermoacoustic instability in a combustion system: Pseudo-periodic and high-dimensional nature", *Chaos*, **25**, 043107-1–043107-5, 2015.

[260] H. Gotoda, H. Kinugawa, R. Tsujimoto, S. Domen, and Y. Okuno, "Characterization of combustion dynamics, detection, and prevention of an unstable combustion state based on a complex-network theory", *Phys. Rev. Appl.*, **7**, 044027-1–044027-7, 2017.

[261] L. Lacasa, B. Luque, F. Ballesteros, J. Luque, and J. C. Nuno, "From time series to complex networks: Thevisibility graph", *Proc. Natl. Acad. Sci. U.S.A.*, **105**, 4972–4975,

2008.

[262] B. Luque, L. Lacasa, F. Ballesteros, and J. Luque, "Horizontal visibility graphs: Exact results for random time series", *Phys. Rev. E*, **80**, 046103-1–046103-11, 2009.

[263] H. Kinugawa, K. Ueda, and H. Gotoda, "Chaos of radiative heat-loss-induced flame front instability", *Chaos*, **26**, 033104-1–033104-7, 2016.

[264] J. Eckmann, S. O. Kamphorst, and D. Ruelle, "Recurrence plots of dynamical systems", *Europhys. Lett.*, **4**, 937-1–937-5, 1987.

[265] N. Marwan, M. C. Romano, M. Thiel, and J. Kurths, "Recurrence plots for the analysis of complex systems", *Phys. Rep.*, **438**, 237–329, 2007.

[266] H. Gotoda, Y. Shinoda, M. Kobayashi, and Y. Okuno, and S. Tachibana, "Detection and control of combustion instability based on the concept of dynamical system theory", *Phys. Rev. E*, **89**, 022910-1–022910-8, 2014.

[267] N. Marwan, J. F. Donges, Y. Zou, R. V. Donner, and J. Kurths, "Complex network approach for recurrence analysis of time series", *Phys. Lett. A*, **373**, 4246–4254, 2009.

[268] R. V. Donner, M. Small, J. F. Donges, N. Marwan, Y. Zou, R. Xiang, and J. Kurths, "Recurrence-based time series analysis by means of complex network method", *Int. J. Bifurcation Chaos*, **21**, 1019–1046, 2011.

[269] M. McCullough, M. Small, T. Stemler, and H. Ho-Ching Iu, "Time lagged ordinal partition networks for capturing dynamics of continuous dynamical systems", *Chaos*, **25**, 053101-1–053101-12, 2015.

[270] H. Kobayashi, H. Gotoda, and S. Tachibana, "Nonlinear determinism in degenerated combustion instability in a gas-turbine model combustor ", *Physica* A, **510**, 345–354, 2018.

[271] J. Zhang, J. Zhou, M. Tang, H. Guo, M. Small, and Y. Zou, "Constructing ordinal partition transition networks from multivariate time series", *Sci. Rep.*, **7**, 7795-1–7795-13, 2017.

[272] C. Aoki, H. Gotoda, S. Yoshida, and S. Tachibana, "Dynamic behavior of intermittent combustion oscillations in a model rocket engine combustor", *J. Appl. Phys.*, 2020 (in press).

[273] T. Kobayashi, S. Murayama, T. Hachijo, and H. Gotoda, "Early detection of thermoacoustic combustion instability using a methodology combining complex networks and machine learning", *Phys. Rev. Appl.*, **11**, 064034-1–064034-7, 2019.

索　引

欧字

著者略歴

宮野 尚哉
みやの　たかや

1985年　京都大学大学院理学研究科博士課程単位取得満期退学
　　　　理学博士
　　　　住友電気工業（株），住友金属工業（株），マサチューセッツ
　　　　工科大学人工知能研究所客員研究員，弘前大学理工学部知能
　　　　機械システム工学科助教授，等を経て，
2004年　立命館大学理工学部マイクロ機械システム工学科教授
2012年　同機械工学科教授
　専門　複雑系科学，カオス，人工知能，データマイニング
主要著書　『カオスと時系列』（共著）（培風館，2002）

後藤田 浩
ごとうだ　ひろし

2003年　慶應義塾大学大学院理工学研究科開放環境科学専攻博士
　　　　課程単位取得満期退学　博士（工学）
　　　　日本学術振興会特別研究員（PD），米国商務省国立標準技術
　　　　研究所建築火災研究部門客員研究員，米国ローレンスバーク
　　　　レー国立研究所環境エネルギー技術部門客員研究員，立命館
　　　　大学理工学部機械工学科准教授，同教授，英国インペリアル
　　　　カレッジロンドン化学工学科客員研究員，等を経て，
2015年　東京理科大学工学部機械工学科准教授　現在に至る．
文部科学大臣表彰若手科学者賞（2014），日本伝熱学会学術賞
（2016），慶應義塾大学矢上賞（2019）．
　専門　熱工学，燃焼工学，複雑系科学

SGC ライブラリ-160

時系列解析入門 [第 2 版]
線形システムから非線形システムへ

| 2002 年 11 月 25 日 ⓒ | 初 版 第 1 刷 発 行 |
| 2020 年 6 月 25 日 ⓒ | 第 2 版 第 1 刷 発 行 |

| 著　者 | 宮野 尚哉 | 発行者 | 森 平 敏 孝 |
| | 後藤田 浩 | 印刷者 | 馬 場 信 幸 |

発行所　　株式会社　サイエンス社

〒151-0051　東京都渋谷区千駄ヶ谷 1 丁目 3 番 25 号
営業 ☎ （03）5474-8500（代）　振替 00170-7-2387
編集 ☎ （03）5474-8600（代）
FAX ☎ （03）5474-8900　　　　表紙デザイン：長谷部貴志

印刷・製本　三美印刷株式会社

《検印省略》

本書の内容を無断で複写複製することは，著作者および
出版者の権利を侵害することがありますので，その場合
にはあらかじめ小社あて許諾をお求め下さい．

ISBN978-4-7819-1482-4

PRINTED IN JAPAN

サイエンス社のホームページのご案内
https://www.saiensu.co.jp
ご意見・ご要望は
sk@saiensu.co.jp　まで．

SGC ライブラリ- 156：for Senior & Graduate Courses

数理流体力学への招待

ミレニアム懸賞問題から乱流へ

米田　剛　著

定価 2310 円

Clay 財団が 2000 年に挙げた 7 つの数学の未解決問題の 1 つに「3 次元 Navier–Stokes 方程式の滑らかな解は時間大域的に存在するのか，または解の爆発が起こるのか」がある．この未解決問題に関わる研究は Leray（1934）から始まり，2019 年現在，最終的な解決には至っていない．本書では，非圧縮 Navier–Stokes 方程式，及び非圧縮 Euler 方程式の数学解析について解説する．

サイエンス社

SGCライブラリ-154 : for Senior & Graduate Courses

新版 情報幾何学の新展開

甘利 俊一 著

定価 2860 円

刊行以来多くの読者に読み継がれて5年を経た今回の改訂では，近年衆目を集めている深層学習等の新しい話題を加え，より充実した内容となっている．

サイエンス社

臨時別冊・数理科学（SGC ライブラリ-141 : for Senior & Graduate Courses）

複雑系科学への招待

坂口英継・本庄春雄　共著

定価 2394 円

本書では従来の分析的科学では説明が難しいような複雑な現象—カオス，フラクタル，パターン形成，社会経済物理，ニューラルネットワークなど—を取り扱う．一つ一つの現象には深くは踏み込まず，文理横断型の学生への講義も念頭に置いて，自然科学概論的な内容も含めながら，できるだけ難しい数学を使わずに複雑系科学を解説する．

サイエンス社

臨時別冊・数理科学（SGC ライブラリ-130：for Senior & Graduate Courses）

重点解説
ハミルトン力学系
可積分系とKAM理論を中心に

柴山　允瑠　著

定価 2394 円

ハミルトン力学系は，天体力学をはじめとする古典力学のみならず，測地流や流体力学の渦点系など様々な力学系を含む．本書はハミルトン力学系の基礎から始め，可積分系やその摂動である近可積分系の理論について詳説し，著者の講義経験も活かされた，当該分野の概要を知るのに打ってつけの一冊となっている．第1章から第3章まではハミルトン力学系の基礎事項を，第4章では可積分系の基礎理論を，第5章では可積分系を摂動した「近可積分系」についての基本事項をそれぞれ解説し，第6〜8章ではKolmogorov, Arnold, Moser により打ち立てられた近可積分系に関する20世紀最大の成果の一つ「KAM理論」を詳しくとり上げている．読者が具体例を通して様々な理論に対し興味を持ち，理解を深められるよう，具体的な力学のモデルを多くとり入れた．

サイエンス社

臨時別冊・数理科学（SGC ライブラリ- 126：for Senior & Graduate Courses）

複素ニューラルネットワーク
［第2版］

廣瀬 明 著

定価 2648 円

初版発行後 10 年の間にますます活発に研究され，利用分野を拡げてきた複素ニューラルネットワークの現状を踏まえた待望の第2 版．新たな話題も取り入れより一層充実した内容となっている．

サイエンス社